久米宏です。

ニュースステーションはザ・ベストテンだった

久米　宏

朝日文庫

本書は、二〇一七年九月に世界文化社より刊行されたものに加筆しました。

久米宏です。　目次

第三章　生放送は暴走する　95

第四章 『ニュースステーション』に賭ける 133

第五章 神は細部に宿る 179

第六章　ニュース番組の使命　

この本は、かなり詳細です。つまり、かなり面倒な内容ともいえます。

最後の「簡単にまとめてみる」をお読みいただくと、一瞬にして本書の内容がわかります。

久米宏です。

ニュースステーションはザ・ベストテンだった

プロローグ
『ニューステーション』初日の惨敗

テレビのスタジオは異様に明るい。数えきれないほどのライトが天井を埋め尽くしている。

大量の光が降り注ぐ先には僕たち出演者がいる。ブーメランの形をしたテーブルに座る僕たちを5台のカメラが見つめる。放送が始まれば、カメラが捉えた映像は、そのままテレビの前にいる全国の人たちに届けられることになる。

スタジオの空気は張り詰めている。上方に位置するコントロールルームでは、プロデューサーやディレクターたちが、固唾（かたず）をのんで僕たちの姿を映し出したモニターを見守っているはずだ。

「本番、1分前」

アシスタント・ディレクター（AD）が叫ぶと、スタジオは一気に緊迫の度を増した。出演者たちはそれぞれ髪の乱れやネクタイの曲がりをチェックし、僕は軽く咳払いをした。

「10秒前、9、8、7……」とADの秒読みが進むに従って、すべての人たちの視線が僕に集まってくるように感じる。声を出さずに指を折る秒読みに入った。
3、2、1……スタート。
1985年10月7日午後10時、『ニュースステーション』のオープニングタイトルが流れた後、僕は第一声を放った。

「10月7日月曜日、夜10時を回りました。こんばんは。いよいよ今日から『ニュースステーション』、スタートです」

鳴り物入りの新しいニュース番組の第1回放送がついに始まった。笑顔でしゃべってはいるが、手のひらはびっしょり汗をかき、小刻みに震えてもいた。

「私をはじめ出演者のみなさんも非常に緊張しています。それから正直言って、スタッフもやや地に足が着いておりません。この出演者の緊張ぶり、スタッフの足の地に着かなさ加減も、もしかすると併せて今夜はお楽しみいただけるという状況になるかもしれません」

にこやかにそうは言ったものの、それから1時間17分、実際にまったく地に足が着いていない放送が続くことになった。

レギュラー出演者の紹介、複数のスタジオの案内などを終えて、初回の特集企画に入る。

「テレビ朝日が命運を賭けてお伝えすると言われている『ニュースステーション』、最初の話題は実は、シャケです」

命運を賭けて、と大上段に構えた割には身近な素材だが、特集は鮭を切り口にした環境問題がテーマだった。

河川の汚染が進んで、今や鮭を放流しても数パーセントしか戻ってこない。かつてのように鮭が豊かに棲む河川にするにはどうすればいいか。全国を中継で結び、家庭の食卓に関わる話題から環境汚染の問題に鋭く切り込むのが狙いだった。

ところが本番中、最新のVTR再生機が故障して、用意した肝心の映像が出ない。やむを得ず札幌のアナウンサー宅での食事風景、北海道の鮭漁の様子、新潟の割烹の鮭料理、福岡の鮭神社……。そんな中継を延々と続け、環境問題とはかけ離れた牧歌的な内容に終始してしまった。

この鮭企画は『ニュースステーション』初日の惨敗を象徴する出来事になった。この日以来、スタッフの間でしばらく「鮭」は禁句となり、僕も1年間は鮭を口にしなかった。

これだけではない。番組開始約40分後に伝えたメキシコ地震の映像も機器の故障で流れなかった。VTRの出の遅れ、中継のつながりの悪さ、画面の切り替えのまずさ、カメラワークのもたつき、キャスターやリポーターたちの対応のぎこちなさ――全編を通じて満足できるものは何一つなかった。

この日は、東京・六本木周辺の複合施設「アークヒルズ」に建設した「テレビ朝日アーク放送センター」のこけら落としの日でもあった。放送センターの建物は完成したものの、周りの道路は舗装されておらず、雨が降ると泥んこ状態、風が吹けば土ぼこり。番組スタートに合わせて放送センターだけは何がなんでもオープンさせようとした突貫工事の結果だった。

要するに、本番中にVTRが故障するほどの見切り発車だったのだ。度重なるトラブルに僕は苦笑したりフォローしたりしていたが、心中は沸騰せんばかりにいらだっていた。同時に「やはりダメだったか」というひどい落胆のあまり、意外と冷静に状況を見据えてもいた。

これは1回や2回でどうにかなる性質のものじゃない。しばらくかかるな……。

「テレビ朝日が命運を賭けて」と言ったが、それだけではない。『ニュースステーション』は、立ち上げに参画した広告代理店の電通や制作会社オフィス・トゥー・ワンにとっても、それぞれ社運を賭けたビッグプロジェクトだった。そして僕個人にとっても、それまで出演していた生番組をすべて降板して臨んだ大勝負、人生を賭けた大いなる挑戦だった。

そのスタートでの体たらく。こんな態勢で明日も明後日も明々後日も続けなければならないのかと思うと、暗澹たる思いにかられた。

『ニュースステーション』が始まった1985年10月7日は、僕が生まれて41年と86日目のことだった。もちろん、このときにはそんなことには気がついてもいなかった。

ニュース番組を変えたと言われる『ニュースステーション』が駆け抜けた1985年から2004年の18年半は、それまでの国際秩序、日本の戦後体制が根底から変わった激動の時代だった。

「ベルリンの壁」崩壊に象徴される冷戦の終結やソ連の崩壊、米国同時多発テロ。日本はバブル景気とその崩壊を経て自民党の一党支配が終わりを告げ、阪神・淡路大震災や地下鉄サリン事件という未曽有の体験をする。

当時、ニュースの発信源は圧倒的にテレビだった。時代の転換を予知するように『ニュースステーション』は生まれた。新しいニュース番組は、めまぐるしく変わる社会と格闘するように日々生起する出来事を伝えた。

僕にとって『ニュースステーション』とは、結局「テレビとは何か」を考えることだった。テレビにしかできない報道とはどういうものか。もっともテレビ的な番組とは何なのか。

それを突き詰めるために、僕は番組が始まる1年以上前から企画を練り上げた。進行役としてニュースの読み方やコメント、インタビューだけではなく、スタジオセット、小道具、衣装、撮影、照明に至るまで、番組制作のあらゆる点にこだわって自分の色に染め上げようとした。

そこには僕がそれまで出演したラジオとテレビ番組で得た知識、技術、発想、考え方のすべてを注ぎ込んだ。『土曜ワイドラジオTOKYO』『料理天国』『ぴったしカン・カン』『ザ・ベストテン』『おしゃれ』『久米宏のTVスクランブル』……。

そのどれ一つが欠けても『ニュースステーション』は生まれなかっただろう。その意味で、この番組は「久米宏」というタレントの集大成だった。

同時に『ニュースステーション』は、おそらくテレビが世の中ともっとも密な関係を持った時代の所産でもあった。

そのプロセスをきちんと見直してみたい。自分の足跡を追うことを通して、「テレビとは何か」「テレビと時代はどう関わってきたか」について考えてみたいと思う。

そのためには少し時代をさかのぼる必要がある。僕が大学を出て、放送という考えもしなかった世界に入ったころへ。ちょうど半世紀前だ。

第一章

青春のラジオ時代

寝坊で最終面接に遅刻

冷やかしで試験を受けてはみたものの、TBSに入ることができるなんて万に一つもあり得ないと思っていた。アナウンサー試験には、既卒者も含めて何千人もの受験者が押し寄せる。ここから選ばれることなど宝くじに当たるようなものだ。しかも大学の成績は目も当てられなかった。

僕が早稲田大学を卒業したのは1967年。全国の学園紛争に先駆けた「第一次早大闘争」があった翌年だったから、早大の卒業生はおしなべて就職に苦労した。在学中の僕は演劇とアルバイトに明け暮れたノンポリ学生で、全学ストやバリケード封鎖による休講を理由に、これ幸いと大学に顔を出さなかった口だった。

大学の演劇仲間には長塚京三さんや田中眞紀子さんがいた。一つ下に吉永小百合さんが入学してきたときは大騒ぎだった。授業中「今日は授業に出ているらしい」と書かれたメモが回ってくる。そんなときは先生さえ気もそぞろだった。当時は知らなかったが、同期には中村吉右衛門さん、下にはタモリさんがいた。

大学4年になると、一緒に遊んでいた仲間が就職活動で忙しくなる。僕は漠然と演劇プロデューサーになりたいと思っていた。とはいえ、親を心配させないためにも1、

2社は受験しなければと考えていた。ところが受験しようにも、当時は大学の就職部に希望を出して推薦をもらわなければ採用試験さえ受けられなかった。

そんなときにラジオの深夜放送を聞いていると、アナウンサー募集のお知らせが2社あった。これなら就職部を通さずに、新卒も既卒も受験できる。まずニッポン放送を受けたが、最終面接の日に寝坊して遅刻した。地下鉄の日比谷駅の階段をほとんど無呼吸で駆け上がっていった瞬間を、今でもはっきり覚えている。目覚ましすらかけていなかったのだから、最初から緊張感に欠けていた。残された1社が、以後お世話になるTBSだった。

NHKが日本で初めてテレビ放送を始めたのが1953年。同じ年、日本テレビが民放初のテレビ放送を始め、TBS（当時はラジオ東京）は2年遅れでスタートを切る。元内務官僚の正力松太郎（しょうりきまつたろう）の主導で財界のバックアップを受けて設立された日本テレビと比べると、新聞各社が出資したTBSは比較的リベラルな報道姿勢を持った放送局だった。「報道のTBS」とか「民放の雄」と称されて、民放界をリードする存在でもあった。

といっても、当時の僕はそんなことはまったく知らず、今度はとにかく遅刻しないよう、毎回1時間前には必ず試験会場に到着するよう心がけた。

試験官との押し問答

会場に行くと、ほかの受験生の多くは放送研究会のメンバーで、互いに挨拶を交わす顔見知りだった。詰め襟を着ているのは僕だけ。試験と面接が進むごとに自分だけが周りと違うことがわかってきた。

そもそも話し方から違った。彼らは子どものころからアナウンサーを夢見て腕を磨いてきたつわものたちだ。彼らというのは、このときは男性アナウンサーだけの募集だったのだ。音声テストで、天気予報やニュース原稿を読むのを聞くと、まるでラジオを聞いているようだった。こちらと言えば、鼻濁音（びだくおん）の存在すら知らなかった。

だいたいアナウンサーの募集人数は「若干名」と記されているだけで、何人採用するのかは知らされていない。試験官に尋ねても、「良い人がいれば何人でも採用するし、いなければゼロの可能性もある」と木で鼻をくくったような答えを繰り返すだけだった。

試験は7次まであった。最初にいた何千人がどんどん落とされて、その悲劇を何度も目の当たりにすることになる。

試験を受けているうちに、だんだん腹が立ってきた。とくに疑問だったのが、「なぜ試験官に人を選ぶ権利があるのか」ということだった。時間を費やして受験に来た学生が被告席のような所に座らされたうえ、「あなたはいい」「君はダメ」と勝手に烙印を押されて次々落とされる。次第にその正当性を問いただすのが自分の役目のような気がしてきた。

もちろん、そんなことで文句を言えば落とされることはわかっていたが、それ以前に自分が受かるなんて、はなから思っていない。

「またここで何人も落ちるんでしょう？　どんな権利があって、あなたたちは人に優劣をつけるんですか？」

受付をする人事部の若手と押し問答になり、面接でもけんか腰だった。試験官は閉口していたと思う。この時の人事部の担当者は東条さんだった。今でも覚えている。

熱気をはらんだ時代

しかし、なぜか僕は落とされずに残っていった。5次試験だったか、目の前に出されたものについて3分間ほど話をするという課題が与えられた。ざるやモップ、百科事典……僕の前に置かれたのは赤電話だった。こんなときは電話にまつわるエピソードを上手にまとめて話すのが定番なのだろうが、これといって思い当たる話はなかった。

困ったあげく、たまたまポケットに入っていた十円玉を入れて、自宅の電話番号を回した。もちろん小道具の電話だからつながらないが、いま自分がどういう状況にあって電話をかけているかを母親に話して受話器を置いた。すると十円玉が戻ってこない。通話をしていないのに十円玉が戻ってこないことに僕は文句を言い立てた。すると、逆にそれが試験官にウケてしまった。

重役面接では、スタジオで俳優に扮した試験官に受験生がインタビューするという課題が与えられた。僕はインタビュー相手に仲代達矢さんを選んだ。当時、俳優座で「アンナ・カレーニナ」の舞台に立っていたのだ。仲代さんに扮する試験官は、のちに『パックインミュージック』のパーソナリティーとして伝説的存在となる桝井論平さん。僕は少し意地悪な質問をしてみた。

「仲代さん、前の公演はどういう役でしたかね」

案の定、桝井さんは答えられない。僕はすかさず言った。

「お互い勉強不足ですね」

サブ調整室にはスタジオの様子を眺めている社長以下役員がそろっている。TBS生え抜きのアナウンサーが一学生にやり込められる光景を彼らはきっと喜ぶはずだ。受かるはずがない、という余裕ゆえのサービス精神だった。

恥をかかされた桝井さんは「あいつが入社してきたら、とっちめてやる」と息巻いていたそうだ。後年、僕のラジオ番組のゲストに招いたときに、そうおっしゃっていた。

6次面接で残った8人は戦友意識で結ばれていた。「このうち何人受かるかわからないけれど、これからも仲良くしようよ」と喫茶店で話をしていた。最終的に合格したのは4人だった。ところが、その後「アナウンサーが足りない」ということになり、一般職を受験した者から声の良い4人を、まともな試験もなしにアナウンサー職で採用した。

「だったら最終試験まで残った8人を全員合格にすればよかったのではないか！」

それでまた、会社側と大げんかになった。

熱気をはらんだ時代だった。1960年代後半からはベトナム戦争反対を唱えて市民組織の「べ平連」が東京都内をデモ行進し、国鉄と私鉄が共闘してストを打った。日本だけではなく、世界中の若者たちが既成の権威や体制に異議申し立てをしていた。ビートルズが世界を席巻し、ボブ・ディランが反戦歌を歌い、欧米でカウンター・カルチャーが花開いた。

僕が大学でしていた芝居は、フランスの翻訳劇などだったが、そのすぐ後に世の中を賑わせたアングラ演劇は、唐十郎（からじゅうろう）の「状況劇場」や寺山修司（てらやましゅうじ）の「天井桟敷（てんじょうさじき）」、そして鈴木忠志の「早稲田小劇場」も秩序を紊乱する猥雑なパワーに満ちていた。

高校でひときわリベラルな空気を呼吸した僕もまた、ノンポリなりに当時の若者に共通する権力への反発心、すなわち反自民、反安保の気分を抱えていた。

要するにエネルギーにあふれ、荒っぽい時代だったのだ。

ラジオにハマった少年時代

入社前の2カ月間は、アナウンサー研修で毎日8時間、朝から晩まで発音や発声の基礎を叩きこまれた。もともとアナウンサー志望の同期と違って、僕はなんでも一から覚えなければいけない。先輩たちからは叱られてばかりいた。

入社後、新人アナウンサーが配属されるのはラジオ局と決まっていた。

僕は小学生のころからラジオ少年だった。学校から帰ると、ランドセルを持ったままラジオがのっている簞笥の前に座り込み、母親から夕食に呼ばれるまで山形をした木の箱が紡ぎ出す世界に浸った。

ラジオドラマが全盛のころだ。TBSラジオでは、『赤胴鈴之助』(吉永小百合さんが出ていた)。NHKは『鐘の鳴る丘』『君の名は』。時代物では文化放送の『銭形平次捕物控』。滝沢修さんや宇野重吉さんといった名優の活躍にワクワクした。落語や講談を好きになったのもそのころだ。そして、何を言っているのかよくわからないけれど抜群に面白い古今亭志ん生は、生涯尊敬する人となり究極の目標となる。

ラジオ関東（現アール・エフ・ラジオ日本）の『昨日のつづき』は、ヘビーリスナーだった。平日夜の10分間、前田武彦さん、永六輔さんがフリートークを繰り広げる（途中、永さんは大橋巨泉さんと交代した）。世の中の何もかも手当たり次第に切りまくって、やたらと面白かった。

テレビの本放送は1953年に東京で始まった。59年の皇太子さま・美智子さまご成婚で、テレビの受像機は瞬く間に普及したが、父親が東芝のエンジニアだったわが家には比較的早くやってきた。『ローン・レンジャー』や『ローハイド』など当初はアメリカ製ドラマが多かったものの、やがて国産の娯楽番組が増えていった。

子どもにとっては学校での勉強よりも、テレビのほうが断然面白い。後に仕事をご一緒することになる永六輔さんが構成し、黒柳徹子さんが出演するNHKのバラエティー『夢であいましょう』が始まるのは1961年。同じ年に連続テレビ小説も始まった。

テレビには、勉強が手につかなくなるほど夢中になった。するとあるとき、それまで怒ったことのない父親が激怒して、「こんなもの壊してやる」と言いながら、玄関の三和土にテレビを投げつけようとした。僕は泣いてすがって押しとどめた。中学生のころだった。今も鮮明に記憶している。

映画にもハマった。小学4年から毎週駅前の映画館に通い、市川右太衛門、月形龍之介、初代中村錦之助、東千代之介らのチャンバラ時代劇に夢中になった。中学生になると洋画が加わった。中学校があるのは自由が丘から二つ目の駅。高校は渋谷と自由が丘の間。大学は新宿経由。つまり通学するには映画館のジャングルを通り抜けなくてはならない。当時は3本立て55円。洋画、邦画を問わずに浴びるように見た。

暗い映画館で心躍らせた名優たちに、のちに『ニュースステーション』でインタビューすることになる。イヴ・モンタン、マルチェロ・マストロヤンニ……その話は時間があったら、またいずれ。

アナウンサーの転換期

１９５０年代末からのテレビの普及に伴って、ラジオは次第にお茶の間から遠のいていった。生き延びた場所はカーラジオであり、仕事場であり、子どもの勉強部屋だった。若者たちは受験勉強の息抜きと逃避に深夜、ラジオのスイッチを入れた。若者に向けた深夜放送の時代の幕開けだ。

僕がＴＢＳに入社した１９６７年には、ＴＢＳで『パックインミュージック』、ニッポン放送で『オールナイトニッポン』が始まった。その前には文化放送の『真夜中のリクエストコーナー』。「オラは死んじまっただ〜」で始まるザ・フォーク・クルセイダーズの「帰って来たヨッパライ」が大ヒットしたのも深夜放送が発信源だった。

深夜放送が社会現象になった60年代末はラジオの曲がり角であると同時に、アナウンサーの転換期でもあった。

それまでアナウンサーの基本は、マイクロフォンに向かって、正確な発音で折り目正しく話す技術だった。民放のアナウンサー研修の指導者はNHK出身者が多かったため、志村正順さん、宮田輝さん、高橋圭三さんたちNHKアナウンサーの話し方は、民放にも脈々と受け継がれていた。

「わたくしはこう思うのですけれども……」というNHK『ラジオ深夜便』のような話し方が、ベテランアナウンサーにはしみついていた。ところが、60年代後半以降、それをどう崩していくかで若きアナウンサーたちが競うようになった。

文化放送で69年に始まった『セイ！ヤング』の土居まさるさんも、『パックインミュージック』の桝井論平さんも、何とかして〝NHK話法〟から逃れるべく模索していた。

そうしてパーソナリティーのフリートークを繰り広げるスタイルが、この時期いっせいに広がった。アナウンサーはパーソナリティー、つまり個性で勝負する時代に入っていった。

たとえば僕たちは、先輩アナウンサーから「自分のことは『わたくし』と言いなさい」と教え込まれた。そのうち深夜放送で一人称に「僕」を使う人間が現れて、先輩から叱られた。それが半年後には「おれ」と言う人間が現れた。深夜放送は局のおエラいさんも聴いていない若手の解放区だ。あっという間に既成のルールが崩れていった。

僕が影響を受けたのは、当時アナウンス室長だった小坂秀二さんだった。NHKからTBSに移り、相撲中継でならした方で、

「新しい時代には新しい感性を持ったアナウンサーが必要だ。自分が見たり聞いたりしたものを自分の言葉にして表現するのが良いアナウンサーだ」

と教えられた。そして、

「久米君は周りからなんと言われようと、好きなようにやりなさい」

と背中を押してもらった。

すなわち僕たちの世代は、歴代アナウンサーが伝えてきた古き良き伝統と、時代に呼応するように生まれた新しい潮流がぶつかって合流する地点に立っていたのだ。

なぜアナウンサーの素養のかけらもなかった自分がTBSに受かったのか、いまも不思議に思う。どうせ受からないからと、けんか腰で面接に臨んだのが逆に気に入られたのか。あるいはアナウンサーの転換期、それまでとはまったく毛色の違う人材が

求められていたからなのか。

アナウンスブースでの危機

いつだったか、「あなたにとってラジオとは?」という質問に、「音の出る箱で、その中には尽きることのないおとぎ話が詰まっている。それが僕にとってのラジオです」と答えたことがある。それだけ子どものころから夢中になったラジオは、僕にとって特別な存在だった。

そんな自分がラジオのアナウンスブースに入ったとき、思わぬ事態に立ち至った。ある日のこと、精神に変調をきたしてしまったのだ。

新人アナウンサーの仕事の一つに、「ステーション・ブレイク」という、番組と番組の間の短い空き時間に入れるスポットアナウンスがある。「まもなく4時15分になります。TBSラジオです」。CMを除く5秒から60秒ほどの空き時間を、自分で考えた言葉で秒数ぴったりに埋めなければならない。

電話ボックスのような狭いブースに入ると、金庫のような厚い扉をガチャンと閉められる。無音の密室でたった一人。外部の音は完全に遮断され、まったく音は反響しない。耳に入って来るのは、イヤホンからの「あと1分」「あと30秒」「はい、15秒前！」というミキサーの声だけ。

目の前にある時計の秒針が時を刻む。赤いランプがついてオンエアが始まる。基本はすべて生放送だ。マイクロフォンの前で自分の口にしたことがすべて電波にのって放送される。その恐怖感。

「続いて気象現況です」

全身から汗が噴き出して、その汗ですべって鉛筆が持てない。鉛筆にティッシュやハンカチを巻いて字を書いた。毎回、マイクロフォンの前で一言、二言を話すだけで、心臓がのど元までせり上がり、もどしそうになる。口の中がカラカラになり、わずか生放送の10秒やそこらが、舌がもつれてうまくしゃべれない。

ラジオが大好きだった人間がたまたま放送局に入り、はずみでアナウンサーになったのだ。自分がラジオの送り手側になるなど考えたこともなく、必要な技術も心の準備もまったくない。それゆえの過緊張だった。

先輩諸氏に相談しても、

「久米君ねぇ、マイクの前で上がらなくなったら、もうおしまいだよ」

そんな答えが返って来るばかりで、なんの慰めにもならない。トチったり泣き出したりすることこそなかったが、ストレスと緊張で食事がのどを通らなくなり、吐くか下すかした。医者からは「消化器は食道以外全部だめ。神経性の胃腸炎」と診断された。

ちょうどそのころ、僕は結婚をした。その責任感と仕事のストレスで、もともと細い体がみるみる痩せていった。新婚旅行のときにはズボンがずり落ちて困った。薬で胃腸が回復し、やっと体重が増えかけたころだ。『パックインミュージック』（以下『パック』）の金曜二部（午前3時から5時まで）を担当することになった。

午前1時から3時までの金曜一部のパーソナリティーは、投書コーナーで深夜族の若者に絶大な人気があった野沢那智（のざわなち）さんと白石冬美（しらいしふゆみ）さんの〝ナチチャココンビ〟だった。その延長の二部だから、リスナーは多いうえ耳が肥えている。こうなったら思い切り弾けるしかない、と思った。

『パック』のブースは、それまでのアナウンスブースと違って広々としていた。ディレクターもいるから閉塞感も孤独感もない。長患いによる鬱憤（うっぷん）も溜まっていた。ダムが一気に決壊したようにしゃべりまくった。「途中で寝かせてなるものか」と全編シモネタの超エンターテインメント。家族にも親戚にも聞かせられない。いつ上司が止めに入ってもおかしくなかった。

2時間の中でかける音楽を10曲ほど用意していたが、山積みの投稿はがきを読むうちに話に夢中になって、結局しゃべりっぱなしだった。番組が終わると声は枯れ、帰宅してからも興奮して眠れなかった。

栄養失調から結核に

センセーショナルに躍り出た『パック』を4週続けたときだった。春の健康診断で肺に影が見つかった。精密検査の結果、肺結核だとわかった。胃腸を壊して食べられない時期が1年ほど続き、栄養失調の末の罹患だった。

青天の霹靂とはこのことかと思った。結核と言えば、正岡子規や石川啄木を早逝させた病気だ。もちろん、当時はすでに特効薬のストレプトマイシンがあり、医者からも「時間をかければ必ず治る」と保証された。けれども、入社前まで病気らしい病気をしたことがなかっただけに、目の前が真っ暗になった。

医者から「治療のためには早寝早起きが必須」と言われたため、もはや深夜放送は続けられない。『パック』は5週で降板。番組の人気が出始めていただけにショックだった。翌週からは急遽、同期の林美雄さんが担当することになった。彼は荒井由実（のちの松任谷由実）や山崎ハコ、デビュー前のタモリといった異才、天才たちを自ら発掘して番組で紹介し、それから一時代を築くことになる。

僕は仕事をしながら結核を治すことにした。「療養所に入りますか」と医者から尋ねられたが、いったん療養所に入ったらもう出てこられないような気がした。

早く治して何とかしよう、と必死だった。1日おきに注射を打ち、毎日大量の薬を飲んだ。注射を打つと、真冬でもTシャツで外を歩けるぐらい体がほてる。「激しい運動を避けて、栄養のあるものを食べ、睡眠を十分取ること」という医師の命を守って、とにかく食べまくった。「直射日光に当たってはいけない」とも言われ、夏は日陰を求めて軒下をつたって歩いた。その結果、まるで太った白ブタのようになり、今度はズボンが入らなくなった。

ＴＢＳは結核患者に無理な仕事などさせなかった。ラッシュ時に電車に乗らずにすむよう配慮してもらい、午前10時半に出勤し、午後4時半に退社する軽勤務の日々が続いた。「この仕事は向いていないかもしれない。辞めて別の仕事をしよう」という考えが頭をよぎった。

新婚夫婦と両親の4人で暮らすには、金がないことおびただしかった。放送局は当時も高給のイメージがあったものの、それは基本給に加え、かなりの残業手当があってのことだ。僕のような残業ゼロの社員は生活するのがやっとだった。

結婚当初は、僕の6畳部屋を改造した物置のようなところに、夫婦で住んでいた。志ん生の『びんぼう自慢』ではないけれど、まさに赤貧洗うがごとし。ズボンを買うお金すらなかった。

ひたすら電話番の日々

会社では基本的にアナウンス室で電話番をしていた。とことん暇だった。日がな一日、ラジオを聴き、テレビを見て、新聞や雑誌を読んでいた。

1時間の昼休みには食堂に行く。そこでもラジオを聴いているか、テレビを見ているかした。医者からは人込みを避けるよう言われていたため、好きな映画館にも行けない。帰宅してからは本を開いた。

そのころから世間は騒然としていた。全国各地で大学紛争が激化し、東大安田講堂では学生と機動隊が攻防戦を展開していた。新宿の地下広場はギターをかき鳴らしてフォークソングを歌う「フォークゲリラ」たちで埋め尽くされた。

海の向こうでもベトナム反戦運動が広がり、フランスではパリのカルチェ・ラタンを中心に大規模な反体制運動が拡大していた。やがてアポロ11号が人類初の月面着陸に成功した。僕が25歳になった1週間後だった。

同期にはどんどん仕事が入り、忙しそうに駆け回っている。1年後輩の小島一慶（こじまいっけい）さん、見城美枝子（けんじょうみえこ）さんには、あっという間に追い抜かれた。僕は自動販売機で買った菓子パンを自分の机でかじりながら、電話番をしていた。じりじりと焦って、精神的に追い詰められる日々が続いた。

以前はこの時期を「不遇な時代」と思い込んでいたが、最近になってようやく、この時期があったからこそ今の自分があると思える。ラジオではどう話せばリスナーの気持ちをつかめるのか。テレビ画面の中でどんなふうに動けば映えるのか。そんなことを考えていたのは、ほとんどこの闘病中の2年半だった気がする。

この時間を利用して勉強しようという気はさらさらなかったし、自分では特別意識していなかったが、無意識のうちにラジオやテレビに関わるあらゆることを観察し、ぼんやりと考えを巡らせていた。

一方で、あれだけ他人の放送を真剣に研究したことは後にも先にもない。先輩や同僚のアナウンスを聴いて、その感想をリポートにして会社に出すことが毎日の日課だったからだ。自分が抱いた印象や評価を言葉にするためには、集中して耳を傾けざるを得なかった。

生活感のないアナウンサー

アナウンサー以外の俳優やナレーターたちの話し方を聴いているうちに思ったのは、

自分は「久米宏の話し方」を見つけなければいけない、ということだった。

僕はそれまでアナウンサーという職業に、どこかで違和感を覚えていた。アナウンサーはみんな判で押したように同じ話し方をしている。まるでトーキングマシンだ。それなら誰が話しても同じではないか。

みんなと同じような話し方ができれば、みんなと同じようなアナウンサーにはなれるだろう。しかし、それでは自分がなる意味はない。大事なことは、多くのアナウンサーがいる中で、いかに自分の個性を出して、久米宏というアナウンサーの商品価値を上げるかだ。

基本的な技術を習得したらその後は、聞いた瞬間に「これは久米宏がしゃべっている」と、みんながわかるような話し方が必要だと思った。では「久米宏の話し方」とはなんだろう。

TBS、NHK、文化放送、ニッポン放送、それぞれアナウンサーの話し方は微妙に違う。先輩アナウンサーや野沢那智さん、城達也(じようたつや)さん、宇野重吉さんといったナレーターや声優、俳優の話し方を真似して、つぎはぎしながら自分のしゃべり方をつくろうとした。

当時の人気アナウンサーはみんな「今朝、洗面所の小窓を開けたら……」というような、アットホームな雰囲気を醸し出していた。話題と言えば「春になると、あちこちで花が咲き始め」「朝食にパンを食べて、電車で会社に行って」といった身辺雑事。言ってみれば「お茶の間に愛されるアナウンサー」だった。

誰とも違う個性を打ち出すためには、逆に「生活感のないアナウンサー」を目指そうと思った。身の周りの話ではなく、世界情勢や日々の事件・事故、宇宙や自然のあり方を話題にする。普段の生活が見えず、架空の人物のような存在としての「久米宏」。たとえば「今日は暑いのでポロシャツを着てきました」ではなく、「この服は綿100%です」から始めて木綿や染色の歴史、なぜ綿のシャツは洗濯すると縮むのかを話す。「秋の風が吹き始めました」よりも気圧配置の話をする。

それは自分の道を切り拓くための戦略であると同時に、僕たち夫婦のあり方から導き出された必然でもあった。現実の家庭はそれほどアットホームではなく、「温かい家庭」など幻想でありフィクションにしかすぎない。それは普通の夫婦のあり方とは違うかもしれないが、そんな二人の人生観、家族観が善かれ悪しかれ、僕の仕事の全体に大きく影響している。

ラジオでもテレビでも、僕は自分の家庭のことをほとんど口にしたことがない。話し方も家庭的ではない雰囲気、よく言えば「クール」、悪く言えば「冷たさ」とも受け取られる。

そうは言っても、人間の話し方は幼少のころから家庭で培われるものだ。もともと自分の中にないものをゼロからつくり上げることはできず、自分の中に根付いた要素を拡大していくしかない。そういう意味で言えば、僕は昔から感情的にならない子どもだった。話している途中で涙ぐんだり激昂したりしないタイプであることは、自分でよく理解していた。

しかも僕は子どものころから恐ろしく早口だった。これには多分、小学3年までを過ごした東京・品川の土地柄が関係している。宿場町、漁師町、色街だった品川の言葉は、下町言葉よりも乱暴で早口だった。漁師の息子たちと遊んでいた幼いころの僕には、自然とその品川弁が入っていった。それに加えて、繰り返し聞いた志ん生の語り口と息継ぎ、間の感覚。

話し方は自分の声質と合っていなければならない。超低音でペラペラ話されると耳障りだし、野太い声の女性が可愛らしくしゃべっても可愛くならない。声質と話し方は表裏一体だ。

録音した自分の声を聞くと、それほど特徴のある声だとは思えなかった。となると、しゃべり方で勝負しなければならない。僕の声は「軽快」なしゃべり方が合うと判断した。

そんなふうにアナウンサーとしての自分の立ち位置を考えるようになったのは、僕がもともとアナウンサー志望ではなかったからだと思う。たまたまＴＢＳに受かって、終始、この仕事を斜め横から眺めていた。また否応なく、じっくり眺める時間があった。

だからこそ周りとはまったく違うアプローチができたのだろう。アナウンサーが自分のなりたい職業ではなかったことが多分ラッキーだったのだ。

それにしても不思議なのは、アナウンス室にいてもまったく戦力にならない人間が異動で飛ばされなかったことだ。普通ならば半年で異動させられるだろう。実際、何人ものアナウンサーが配置転換の憂き目に遭うのを見た。

でもなぜか僕はアナウンス室に籍を置き続け、仕事らしい仕事をしないまま、異動もさせられず、クビにもならなかった。それがなぜなのか、今もってミステリーだとしか言いようがない。

間違いなく言えることは、当時の日本は高度経済成長の急坂を駆け上っていて、社会全体に余裕があったということだ。いい時代であり、いい会社だった。

なんでも中継してみる

結核が治りかけのころだった。TBSラジオで1970年5月から始まった、永六輔さんがパーソナリティーを務める新番組『永六輔の土曜ワイドラジオTOKYO』

（以下、『土曜ワイド』）で、僕は一つの仕事を与えられた。自信はまったくなかったけれど、このまま引きさがれば負け犬を絵に描いたようなものだ。とにかくやってみて失敗したらあきらめよう、と思って臨んだ。

毎週土曜、当初は午後1時から5時半の生放送。僕の仕事は、毎回の放送が始まる前に街頭や原っぱなどの屋外で人を集める〝前説〟のようなものだった。古今亭志ん駒さんの「街かど寄席」に向けた客の呼び込み。機材を運んだり、集まった人を整理したり、アシスタント・ディレクターの手伝いのような仕事を何カ月か続け、現場に復帰していった。

――という顛末が、僕の記憶にある「苦節2年半の闘病物語」なのだが、あらためて経歴を調べると、どうも事実関係が合わない。『パック』降板の時期と『土曜ワイド』参加の時期がほぼ重なっており、軽勤務でひたすら電話番をしていたのは、結核ではなく胃腸炎に苦しんでいた時期だった疑いがある。

身体的には明らかに胃腸炎のほうが重篤だったが、結核にかかったという精神的打撃があまりに強く、苦難の月日はすべて結核のせいだったと記憶が塗り替えられたのか。当時のことは思い出したくもないという気持ちが記憶に目隠しをしているのかもしれない。人間の記憶は時として混乱するものらしい。無理につじつまを合わせずに、ひとまずここはあいまいなままに留めておくことにする。

さて、『土曜ワイド』では、やがてリポーターとして単独コーナーを持たされるようになった。TBSの担当ディレクター岩澤敏(いわさわさとし)さん(2歳年上ながら2期後輩のため、以下、当時同様呼びすてにします)と「とにかく今までラジオで中継したことのないものを中継しよう」ということで意見が一致した。

「誰もしたことがないということは、できないからしてないんじゃないの？」

「だから面白いんじゃないか」

常識ではラジオで中継できないものを中継するコーナー「久米宏のなんでも中継!!」が始まった。

記念すべき第1回がオンエアされたのは、その年の9月5日、上野動物園の猿山中継だった。日付まで覚えているのは、その翌日の日曜に父親が亡くなったからだ。

スタジオと違って屋外での中継は、まったく緊張しなかった。スタジオで秒針が動いているのを見た途端、舌がもつれたのがウソのようだ。大空の下で心身が解放され、「クールな話し方」は封印。興奮して感情のおもむくままにしゃべった。

たとえば「電信柱」を中継する。住宅街でコンクリートの電信柱を叩いたり撫でたり。途中から僕が電信柱になって、

「長い間ここに立っててねぇ。いろいろな人が自分の前を通っていった」などと語り、栃木の工場で自分が電信柱になった記憶をたどっていく――というような内容だった。

音声情報に限られるラジオ中継では「どういう音がするか」がカギとなる。商店街を歩いて、おばさんたちと言葉を交わし、車が通る横断歩道を渡り、角を曲がって静かな住宅街に入る。コツコツ足音をさせて上り坂を進むと、角に古い電信柱を見つける――。

だからラジオ中継は場所選びが命だ。このときは岩澤が事前にロケハンして、「いい電信柱、見つけておきましたよ」と自慢げに伝えてくれていた。

「雨」がお題のときは、雨の中で傘を畳んで自分が濡れていく様子をリポートした。「歩道橋」「山手線」「蟻塚」。どんどんエスカレートして、「ミュンヘンの街角から」という〝海外中継〟にも挑んだ。ミュンヘンオリンピックのころだ。

街の中を僕が足音を立てて歩く。「ミュンヘンの街角」の効果音が入ったレコードがあって、その音をラジカセで流す。雑踏やクラクション、路面電車が走る音。ガイドブックの写真で見たミュンヘンの街角を僕が実況する。「あっ、アベックがいる」。そう言うと、事前にドイツ人の男女を雇って録音した会話を現場で再生する。その前を僕が通りすぎる――。

リスナーがミュンヘンの街角からの中継だと気持ちよく騙されてくれれば、それで成功。もちろん最後に「横浜・山下公園からの中継でした」と種明かしをする。

毎週、二人でとてつもなくくだらないことを考えては実行に移した。ナンセンスで

上◯永六輔さんから、ものの考え方や仕事の仕方を学んだ
下◯体を張った『土曜ワイド』の「久米宏のなんでも中継!!」

実験的なコントからなるバラエティー『巨泉×前武ゲバゲバ90分!』が一世を風靡(ふうび)した時代だ。「くだらないこと」が市民権を得ていた。

リスナーにははなはだ失礼ながら、僕たちはスタジオの永さんにどうしたら褒めてもらえるか、永さんをいかに喜ばせるか、もっと言えばいかに騙して驚かせるか、ということしか考えていなかった。よく言えば、ラジオを最もよく知る最良のリスナーである永さんをターゲットにすれば、中継のレベルは着実に上がると信じていた。

永さんは当時、30代の後半だったはずだが、僕は50代のおじさんのように思っていた。それくらい自分にとって永さんは偉くて怖い存在だった。そのときも、それ以後も、ずっと永さんの前では緊張してうまくしゃべれなかった。

篠崎敏男(しのざきとしお)さんというチーフディレクターが、また輪をかけて怖かった。この二人の御大が担当ディレクターを通して毎回、鋭く的確な指摘をする。「番組全体の趣旨がわかって中継しているのか!」。お目付け役がいない中継自体は楽しくて仕方ないのだけれど、東京・赤坂にある局に戻る足取りはいつも重かった。

ポルノの生放送を中断

永さんにひと言褒められようと、演出も次第に大仕掛けになっていった。

「特集・伊豆半島」では、西伊豆の海に浮かぶ漁船から中継した。海上の景色、潮の香り、漁師の作業などを船上からリポートし、最後に「喫水線の下はどうなっているか調べてみましょう」と言うなり、突然ドボーンと海に飛び込んだ。しばらくしてから浮上して、「この、船の、底は……」と船上から差し出されたマイクロフォンに向かって報告した。

もちろん、最初から計算ずくで水着姿のままリポートをしていたのだ。後で放送した録音テープを聴くと、僕が海に飛び込んだ瞬間、スタジオの永さんが「うわーっ」と声を上げている。「やった、やった」と岩澤と子どもみたいに喜んだ。

「神田川」の中継。紐に付けた缶を神田川にポーンと投げ入れて、水をすくう音を入れる。「うわっ、濁ってる。汚ねー！　ちょっとうがいしてみます」。

ガラララとうがいして、「あ、飲んじゃった！」。

実はきれいな水がそばに置いてあり、それを使っているのだが、スタジオではわからない。

「飲んじゃったの？　バカだねー！」と永さん。

永さんだって〝やらせ〟は先刻ご承知だろうが、そんなふうに永さんを喜ばせることができれば、それで満足だった。

一度だけ、永さんが「もうダメ！」と叫んで中継を途中でブチッと切ったことがあった。タイトルは「日活ロマンポルノ撮影現場生中継」。映画のベッドシーンの生中継だ。

ベッドシーンは基本的にアフレコ、つまり音声は後から映像に合わせて録音する。実際の現場では録音していないので、「頭をもっと後ろへ、上半身をそらせて！　そうそう」「バカヤロー！　もっと気持ちよさそうにやれ」といった監督の指示や怒号が飛び交う。

俳優たちも「あ、痛い、痛いわよ、ねぇこのひざ痛いったら」「ごめん、ごめん、これでいい？」などと打ち合わせをしながら撮影する。その現場をそのまま中継したかったのだ。

若くてきれいな女優は前貼りをして、男優はイチモツに包帯を巻きつけて撮影に臨んだ。ところが中継が始まると、まず監督さんが緊張したのか勘違いしたのか、すっかり黙り込んでしまった。

すると俳優たちがその沈黙を埋めようと妙に気を遣って〝リアルな演技〟をしだした。男優が「あ、いい、いいよ〜」と叫べば、女優も「もっと、ねぇお願い、もっと、あ〜いいわ〜」。これがどんどんエスカレートしていった。

土曜真っ昼間の生放送だ。もう誰も止められない。止めることができるのは、永六輔さんただ一人。

「もうダメだ！　ダメ、こんな中継やめだ！　切って、切って」

痛恨の大失敗。監督たちに「いつも通りにお願いします」と伝えていなかったのが最大のミスだった。このとき日活側の窓口をしていたのが、のちに『シコふんじゃった。』『Ｓｈａｌｌ ｗｅダンス？』で大ヒットを飛ばす監督の周防正行(すおまさゆき)さん。当時はサードぐらいの助監督だった。後年、周防さんに会ったとき、このときのことを持ち出したら、

「久米さん、あのときは本当にすみませんでした」

はっきりと覚えていらっしゃった。

「なんでも中継」のコンセプトの一つは、「とりあえず自分で体験してみる」ということだった。高所恐怖症なのに窓拭きのゴンドラに乗ったり、ヘリでローターを止めて急降下したり。シンクロナイズドスイミングにも挑戦した。

浅草の変わった料理店では、かまきりの姿揚げやマムシのぶつ切りを食べた。床下でとぐろを巻いているマムシを釣り上げて生き血を飲んだ。おいしかったのは芋虫の唐揚げだ。外はカリカリで嚙むとパリッといって、中からむにゅーっと緑色の歯磨き粉状のものが出てきて葉っぱの味がする。これが甘くて、芋虫が必死で食べた新緑が口中に広がった。

中継ではよく走った。走り終わってハアハア息をしながらリポートしていた。聴いている人は、なぜ僕が息切れしているかがわからない。「呼吸器が悪いんじゃないか」

と心配する手紙まで来た。走っていることをわかってもらうために、いい音がする靴を探し求めた。

体が不自由で走れない人から「久米さんの中継を聴いていると、自分が走っているような気になって、とても楽しい」という感想を頂いてからは、下駄や雪駄も用意して、いっそう足音にこだわるようになった。

週1回、数分間のこの中継だけが、当時の僕の唯一の仕事だった。企画を考える時間はいやというほどある。毎日、家に帰っても「次は何を中継するか」だけをひたすら考えていた。

「なんでも中継」が認められて、やがて番組のオープニングも任されるようになった。団地一棟を選び、

「ラジオを聴いている奥さーん、窓を開けて手を振ってくださーい！」

と大声で叫んで何世帯が聴いているのかを調べる。この「聴取率調査」は番組の司会者としてスタジオに入る1978年まで毎週続けることになった。

ホームレスに扮して大騒動

「なんでも中継」が評判となり、さらなるウケを狙って始めたのが「隠しマイク作戦」

だった。袖にマイクを仕込んで街なかから生中継をする。中継車はかなり離れたところに待機する。いわば「どっきりカメラ」のラジオ版だ。

「キャバレー突撃体験」や「ピンクサロン潜入ルポ」。女装して新宿駅前の靴店に行ったこともあれば、ビキニの女性のへそ形を採るために真夏の海水浴場を白衣とネクタイ姿で歩き回ったこともある。今だとプライバシーや人権上の問題でできない企画ばかりだが、あんなスリリングで面白い体験はなかった。

ホームレスに扮して中継したときは大問題になった。よれよれの格好をして銀座・三越の前にゴザを敷いて座り込む。イヤホンを付けられないので、オンエアがいつ始まるかわからない。遠く離れた所でディレクターがハンカチを振るのを合図にオンエア開始。歩き出すと通行人はよける。お店に入ろうとすると、「入っちゃダメ！」と冷たくあしらわれる。

数寄屋橋のほうに歩いていくと交番を見つけた。

「トイレを貸してください」

と頼んだら、お巡りさんが叫んだ。

「ダメダメ、汚ねぇ！　向こう行け！」

これが全部、隠しマイクを通してオンエアされてしまった。『土曜ワイド』は生放送なのだ。「警察官が人を差別するのか！」。抗議の電話が警視庁に殺到し、ＴＢＳは警視庁記者クラブへの「出入り禁止」の処分を食らった。

どうすれば面白くなって、どうやってリスナーやスタッフの予想を裏切るか。番組中はずっとそれを考えながらしゃべっていた。毎週「もっと良い中継を」と思っていた。そして、ときには自分でも感心するほどうまく話せたこともあった。

今も記憶に残っている中継がある。渋谷の「道玄坂」がテーマだった。華やかな格好をした若者たちが行きかう秋の道玄坂。足元に落ちているものに目が留まった。

「道端に吹き寄せられた落ち葉が側溝に溜まり、その脇に赤いハイヒールのかかとが落ちています」

ラジオは映像こそないが、聴く者はこちらが発する言葉一つで映像を思い浮かべる。ハイヒールのかかとが折れて、それを拾わずに立ち去った女性。そんな風景を連想し、道玄坂のイメージがぱっと広がる。聴く者の想像力のレンズにピントを合わせる対象を一つでも現場で探しだし、うまく言葉にのせること。それが自分の役目だと思うきっかけになった中継だった。

当時の『土曜ワイド』はラジオとしては破格の予算があった。スタッフ約20人も普通の番組の数倍だ。番組が終わった後はスタッフみんなで翌日の朝方まで飲んでいた。毎週がお祭りだった。

なぜ永六輔さんに拾われたか

1975年に『土曜ワイド』のパーソナリティーが、永さんから三國一朗さんにバトンタッチした。永さんがパーソナリティーだった5年間、午前9時5分から午後5時まで最長8時間に及んだ番組を毎週、僕は必死で聴いた。難しい話題からくだらないネタまで一言一句聴き漏らすまいという気持ちだった。永さんの影響を受けるなというほうが無理だろう。ものの考え方や仕事の仕方をこの5年間で学んだ。

永さんの番組を聴いて学んだことは二つある。

「番組を放送するに当たっては、ラジオを聴いている大勢の方々の気持ちをおもんぱからなければならない」

「番組を送り出す人間は、自分自身の考えや主張をしっかり持って、それを曲げてはいけない」

永さんは自分のラジオ番組に投稿してくれた人全員に返事を出していた。放送中もわずかな時間を見つけては返事のはがきを書いていた。だから僕の眼に焼き付いた永さんはひたすら「書く人」。そして、どんな人がどんなふうに聴いているかを知るため、なるべくなら会いに行くという主義だった。

僕が『土曜ワイド』で仕事を始めることができたのは、「番組に好青年が一人いたらなぁ」という永さんの望みに応じて、その役割がたまたま自分に回ってきたからだと思っていた。「好青年」といっても、当時、体が空いていた若手アナウンサーといえば僕一人しかいなかった。だから僕としてはずっと、永さんに「引っ張られた」というよりも「拾われた」という感覚だった。

それにしても、どうして永さんに「拾われた」のか。2016年10月に朝日新聞の連載記事でロングインタビューを受けたことをきっかけに確かめてみたくなった。しかし、その年の7月に他界した永さんをはじめ、関係者の多くがこの世を去っていた。そこで当時のディレクターだった橋本隆(はしもとたかし)さんに電話をかけてみた。

「あのとき、なぜ僕に声がかかったのでしょうか?」

「ああ、あれはね、永六輔さんがあなたに関心を持っていて、一度会ってみたいとおっしゃったんですよ」

「え!? それで僕は会ったんですか?」

「会ったと思うよ。永さんが会いたいと言ったら、僕は間違いなくそうしたと思うから」

「それで永さんは何とおっしゃっていたんでしょうか?」

「面白いからやろうよ、と」

初めて聞く話だった。二人で会ったことなどまったく記憶にない。僕はブラブラしている若手社員がいたから「拾われた」とばかり思い込んでいた。あれから半世紀近く経つ。なぜ永さんは僕に興味を抱いたのだろう。直接聞いてみたかった。

コンニャクに表裏はあるのか？

8年間リポーターを務めたのち、1978年の春からスタジオに入って、三國さんの後を継ぐ3代目のパーソナリティーを担当することになった。永さんの『土曜ワイド』が「情報番組」なら、三國さんは「教養番組」。知識や教養では二人に勝てっこない。ならば、こちらは「娯楽番組」で勝負するしかない。

岩澤敏、林原博光（はやしばらひろみつ）という担当ディレクターたちが、くだらない企画を山のように考えた。その中の一つが、人気を呼んだ「久米宏の素朴な疑問」というコーナーだった。リスナーから寄せられた素朴な疑問、質問に、僕が関係各所にかたっぱしから直撃電話をかけて回答してもらう企画だった。

「コンニャクには表裏はあるのか？」
「日の丸の旗の先の黄金の玉は何のためにあるのか？」
「おねえさんからおばさんに変わる基準は？」

「処女膜は人間以外のメスにもあるのか？」

「お茶と海苔はどうして一緒に売っているのか？」

「魚にも美人とブスはいるのか？」

えり抜きのばかばかしい疑問。「なぜ色鉛筆は丸くなくてはいけないのか？」という疑問の場合、まず文房具店に電話をかけた。

「こちらTBSラジオでございまして、私、久米宏と申します。ただいま生放送中なんですが、おたくさま、もちろん鉛筆は売ってらっしゃいますねえ」

そこでわからなければ、次は鉛筆メーカー。それでもわからなければ、鉛筆組合（そんな組合があることを初めて知った）。そうこうするうちに別の鉛筆メーカーの営業担当から電話がかかってきて、「色鉛筆は芯が太くて柔らかいので、芯を保護するため円柱の形になっている」という正解らしい情報がもたらされる。

エンディングに10分間ほどフリートークの時間があった。僕は進行表の余白に番組中、印象に残った言葉や出来事を細かくメモして、それを見ながら一ひねり二ひねり加えて最後をしめくくった。永さんが続けていたやり方を見て、そのアイデアを盗んだものだった。

「番組つぶしの久米」

時間を少し戻そう。『土曜ワイド』のリポーター時代、それと並行して、ラジオ番組『それ行け！歌謡曲』の中で、月曜から金曜までスーパーマーケットや商店街から公開生放送をする「ミュージックキャラバン」というコーナーを担当することになった。

スーパーマーケットに買い物に来たお客さんを前に、ジュークボックスから出てくる曲の歌手が男か女かを当てるというシンプルなクイズで、コンビを組んだ平野（ひらの）レミさんが叫ぶ「男が出るか〜、女が出るか〜」のフレーズは流行語になった。

レミさんは底抜けに明るいキャラとハイテンション、自由奔放というか天衣無縫というか、放送禁止用語なんて頭の片隅にもなく、思ったら口にする。世の中にこんな人がいるのかと思ったほど彼女との生放送はコワかった。

番組スポンサーは食品会社だった。クイズに当たった人には、その会社の缶詰をプレゼントするのだが、彼女が無邪気に聞いてきた。

「久米さん、この缶詰の中身にベトコンの肉が入ってるってホント〜？」

当時はベトナム戦争のまっただなか。米軍に徹底抗戦したベトナム・ゲリラ兵の肉が缶詰に……。生放送である。このときは思わず持っていたマイクで彼女の頭を叩いて、足を蹴とばして、とりあえず黙らせるほかなかった。

のちに「歩く放送事故」の異名を取るようになる彼女は、これ以来、僕に「これ、言っていい？」と目で確認を求めるようになった。何を言い出すかわからないから、こちらは彼女の目からいっときも目を離せない。そうなってくると、目を見るだけで彼女が何を考えているか、次に何を言おうとしているかわかってくるから不思議だ。

放送事故ギリギリのスリルは、その後、横山やすしさんとの『久米宏のTVスクランブル』でも、より濃厚に味わうことになる。

余談となるが、麻雀仲間だったイラストレーターの和田誠さんから、

「彼女と結婚したいから紹介してくれ」

と頼まれたことがあった。レミさんの声に一目ぼれしたそうだ。数々のトラウマを抱えた僕はすかさず、

「あの人だけはやめたほうがいいです。人生を棒に振りますよ」

と取り合わなかった。すると、前述のディレクター橋本隆さんに頼み込んだらしい。出会って1週間で二人は結婚することになり、おしどり夫婦として知られるようになった。

1週間出ずっぱりで露出が増えた僕は、林美雄、小島一慶と3人で「TBS若手

『それ行け！歌謡曲』の中で、平野レミさんと公開生放送

三羽ガラス」と呼ばれるようになった。その勢いでテレビの仕事も始めることになる。しかし4年間はことごとくうまくいかなかった。

鈴木治彦さんがメイン司会者だった早朝の生放送『モーニングジャンボ』では低血圧がたたった。ちょうどそのころからCMがコンピューターで何時何分何秒という定刻に入るようになった。すると、しゃべっている間にCMになったり、「また来週」と言ってから数秒も空いたり。「低血圧だからダメなんだ。お酒を飲んで出演してみよう」と一度ワインを一口飲んで臨んだら、よけいボロボロになった。

カルーセル麻紀さんとの深夜放送は想像を絶する下ネタ番組で、「親戚も大勢見ているので、サングラスをかけさせてくれ」と頼み込んだほどだった。和田アキ子さんとの歌謡番組も長くは続かなかった。収穫は和田さんのハイヒールが僕の足のサイズとぴったりだとわかったことぐらいだった。

芹洋子さん、岡崎友紀さんとも組んだ。久世光彦さん演出のドラマにも、生放送でその日のニュースを読むチョイ役で出演したものの、やっぱりダメだった。

顔は笑っていても、いつも背中は汗びっしょりで、膝はガタガタ震えて思い通りにできたことなど一度もなかった。関わる番組が次々につぶれていく。僕はいつの間にか「番組つぶしの久米」「玉砕の久米」と呼ばれるようになった。

売名目的のテレビ出演

僕が『土曜ワイド』のリポーターをしながらテレビに出るようになったのは、自分のコーナーの聴取率を上げるため、「久米宏」という名前を売ることが目的だった。いわば売名行為。ラジオの担当ディレクターが取材先に出演交渉をする際、「久米宏のなんでも中継!!」と言っても「久米宏？　誰それ？」という反応がほとんどだったからだ。

もともとテレビでうまくできるとは思っていなかったし、ちょっと名前を売ったらすぐラジオに戻ってこようと考えていた。当時のアナウンサーには「本拠地はラジオ。テレビは本道にあらず」というプライドのようなものがあった。僕自身も、ラジオのほうに思い入れがあった。

『土曜ワイド』には、番組が始まった1970年からリポーターとして関わり、番組が終了した1985年まで出演し続けた。25歳から始めて、フリーになった後も続け、『ニュースステーション』を始める半年前の40歳まで。15年続けただけで40歳になっていたときは心底驚いた。25＋15＝40になることが腑に落ちず、何度も足し算をした。『土曜ワイド』は、永さんが活動の場をテレビからラジオに本格的にシフトした番組だった。後でわかったことだが、永さんは「ラジオタレントとして生きる」という決意を胸にこの番組に臨んだ。

皮肉なもので、その番組でリポーターとして拾われた僕は、永さんが司会を終える1975年ごろを境にラジオからテレビのほうに重心を移し、ちょうど永さんと入れ替わるようなかたちになった。

そのきっかけとなった番組が「コント55号」とご一緒したバラエティー『ぴったしカン・カン』だった。僕がテレビで司会をして初めてヒットした番組だ。ここから僕のアナウンサー人生は、ものすごい勢いで転がり出す。

『ぴったしカン・カン』がスタートしたのは、広島東洋カープが巨人を制し、球団創立26年目で初めてリーグ優勝した1975年10月のことだった。

第二章

テレビ番組大成功

『ぴったしカン・カン』大ヒット

『土曜ワイドラジオＴＯＫＹＯ』のオープニング恒例の団地前「聴取率調査」をいつも通りに終えたときだった。放送スタッフらしき男性に呼び止められた。

「久米さんでしょうか。大将が会いたがっているので、ちょっとお願いできますか？」

いぶかしく思いながらついていくと、神社の脇にワンボックスカーが止まっている。車のドアが開くと、そこにいたのは萩本欽一さんだった。近くでたまたまフジテレビ『欽ちゃんのドンとやってみよう！』（『欽ドン！』）のロケをしていたのだ。

「あー、久米ちゃん？　聞いてたよ、ラジオ。面白いね。はい、これ」

そう声をかけられて、萩本さんから終戦直後の子どものようにチューインガムを渡された。

僕は萩本さんのことを業界では「大将」と呼ぶということを知らなかった。

１９６０年代後半から萩本さんと坂上二郎さんのお笑いコンビ「コント55号」はテレビ界を席巻していた。ある世代以上なら、『コント55号の裏番組をぶっとばせ！』のちょっとエッチな野球拳は記憶に焼き付いていることと思う。70年代に入ってから萩本さんが一人で出ていた番組は、『欽ドン！』を含めて軒並みヒットを飛ばしていた。

僕はそのとき、萩本さんが自分の持っていたガムをくれたのだとばかり思っていた。しかしずいぶん後に萩本さんから聞かされた話では、実はTBSラジオの番組スタッフが近所に配っていたガムを『欽ドン！』のスタッフを介して萩本さんがもらったものだった。

それからまたずいぶん経って、そのスタッフとは、のちに時代を画したフジテレビのお笑い番組『オレたちひょうきん族』の名物ディレクター、三宅恵介（みやけけいすけ）さんだったことがわかった。

NHK・BSプレミアム『結成50周年！コント55号 笑いの祭典』（2016年11月23日放送）に僕がゲスト出演した際、萩本さんと初めて出会ったときの思い出話をしていると、遊びに来ていた三宅さんが「ああ、そのスタッフ、僕だよ」と明かしたのだ。

その出会いの場所は、僕の記憶では湘南・江の島の松林という絵になるスポットだったが、三宅さんによると東京・千住の住宅公団近くだった。人の記憶はあてにならない。当時、偶然そこに居合わせた3人が、約40年ぶりに偶然また顔を合わせたことになる。

ガムの手渡しから1カ月を置かずに、萩本さんの事務所からプロデューサーを通じて「新番組のオーディションを受けるように」と言われた。スタッフルームに行くと、簡単なクイズ番組の司会のようなことを30分間ほど行った。プロデューサーはひと言、

「あー、いいねぇ」

番組は二郎さん率いる芸能人組の「ぴったしチーム」、欽ちゃん率いる高校生組の「カン・カンチーム」に4人ずつ分かれ、司会者の僕が出すクイズに次々答えていく。司会者はヒントを出しながら、正解が出ると「ぴったしカン・カーン!!」と言って鐘が鳴る。至極単純なゲームだ。

こうして火曜午後7時半からの30分番組『ぴったしカン・カン』が1975年10月7日に始まった。

僕が31歳になって86日目のことだった。もちろん、このときにはそんなことには気がついてもいなかった。

正直に言うと、僕はこの番組は失敗するだろうと思っていた。大掛かりなセットを使ったTBSの別のクイズ番組が水曜日の同じ時間帯でスタートすることになり、TBSはその宣伝に全精力を注いでいたからだ。

初期の日本のクイズ番組はすべてアメリカのコピーだったが、『ぴったしカン・カン』は萩本さんのオリジナル企画。鳴り物入りの新番組のオマケのようなかたちで萩本さんに企画・構成をすべて任せた番組だった。

ところが、いざフタを開けてみると、視聴率は10%台前半で始まって、またたく間に20%を超え、30%に届く超人気番組になった。番組開始から20%に達するまでの最短記録を樹立した司会者ということで、僕はTBSから表彰までされた。

しゃべらなくても番組は持つ

コント55号と言えば、当時、飛ぶ鳥を落とす勢いの大人気コンビ。それぞれ一人で活躍していた二人が顔を合わせるのは、この番組だけだった。そこにテレビでは駆け出しのアナウンサーが畏れ多くも番組を仕切る役どころで入ったわけだ。「玉砕の久米」としては緊張しすぎて、破れかぶれで突っ走ったというのが正直なところだった。

それまで僕はラジオの仕事を数多くしていたが、ラジオ出身のアナウンサーがテレビに出ると往往にしてうまくいかない。それは僕自身が痛いほど経験していた。

それはなぜかをひと言で言えば、「しゃべりすぎるから」。ラジオのアナウンサーには、ある共通した傾向がある。沈黙を極度に恐れるのだ。唯一の発信情報である音声の空白を生まないように、ひたすら話し続ける。ラジオは一定以上の沈黙が続くと放送事故とみなされ、場合によっては始末書を書かなければならない。

だからラジオ出身のアナウンサーがテレビに出た際、モニターを見て自分が映っていることがわかった途端、反射的に言葉を発してしまう。しゃべらなくてはという強迫観念が抜けない。僕も『ぴったしカン・カン』の初めのころは、自分がテレビに映っているときはしゃべり続けていた。

ところが、本番中の二郎さんを見ていると様子が違った。同じ30分間、テレビに出ていても、一度もまともにしゃべらないときがある。「ひーっ」とか「きーっ」とか「ケケケ」という叫び声、笑い声をあげるだけで終わる。それでも番組はなんの支障もなく進行していた。

そのとき初めて気がついた。テレビはしゃべらなくても、映っているだけで成立するのだ、と。テレビでは出演者がネクタイを緩めた瞬間、「暑いなぁ」か「緊張するなぁ」か「鬱陶(うっとう)しいなぁ」か、視聴者にはすでにある種のメッセージが伝わっている。

僕はそれをすべて言葉で説明しようとしていた。そして「このタイミングでこのジョークを言おう」「エンディングはこんな気の利いた言葉で締めよう」とあらかじめシミュレーションしていた。それは結果的には、ほとんど机上の空論に終わっていた。

ところがコント55号の二人は、1秒でも画面に映っていることを意識した瞬間、しゃべらなくても十分なメッセージを発していた。

それ以降、僕は番組ではしゃべる量を極端に減らすようにした。たとえば、ゲストが登場して隣の席に座るまで、ただじっと眺める。すると、そのほうがゲストの存在感が伝わることがある。

同じことをラジオでするとどうなるか。ラジオでの沈黙には恐怖感があったが、ちょっと黙ってみた。すると、なんとなくリスナーが聞き耳を立てている気配を感じる。

こちらが絶えずしゃべり続けていると、リスナーは安心して聞き流すが、黙るとかえって注意を払ってくれる。これは『ぴったしカン・カン』で得た大きな収穫だった。

素の表情こそが面白い

萩本さんは僕より三つ歳上だが、すでに見上げるばかりの巨匠だった。ところが、ご本人はちっとも偉ぶったところがない。相手が若いタレントであろうと素人さんであろうと、まったく分け隔てなく接する。スタッフルームで世間話をするときも、生放送の本番のときも、立ち居ふるまいや表情がまったく変わらなかった。「じゃあ始めましょうかねえ」と本番に入り、そのまま終わる。反省会をして「じゃあね」と帰って行く。本番だからといって、話し方や顔つきを変えるわけではない。それは驚きの発見だった。

人間にとって「素の表情」とは何かを考え始めたのは、それがきっかけだった。たとえば、ニュースを伝えているNHKのアナウンサーは、横から訂正原稿を差し入れたディレクターと言葉を交わすときに表情が少し変わる。そこで素の表情がのぞく。つまり、アナウンサーは素ではない表情でニュースを伝えているということだ。これはのちに『ニュースステーション』を始めるときに、「ニュースを伝えるときの表情はどうあるべきか」という問いにつながっていく。

コント55号は、ほとんど素でコントをするという特異なコンビだった。ステージで萩本さんが台本を無視して、二郎さんに無理難題を次から次にふっかけていく。困惑しながらも、必死でそれに応えようとする二郎さんの悪戦苦闘ぶりが爆笑を呼ぶ。

台本はあってないようなものだ。だから二度と同じコントはできない。二郎さんが本当に怒りだすこともあった。言ってみればアドリブ芝居。これこそ予定調和を排した生の面白さであり、緊迫感だった。

前述した2016年の『結成50周年!コント55号笑いの祭典』でも、その面白さが再現された。萩本さんは、用意していた台本も打ち合わせもすべて無視。舞台上の俳優さんやタレントさんたちにその場で注文を出し、窮地に陥れる。僕はこれがNHKのテレビ番組への初出演だったが、やはり打ち合わせはあってなきがごとしだった。

これ以上ないほど単純なクイズ番組の『ぴったしカン・カン』が、なぜそれほど視聴者にウケたのか。僕はそれが生だったからだと思う。実際は生と収録を交互に放送していたが、録画は萩本さんの意向で編集しないことになっていた。だから視聴者には生放送のように映っていたはずだ。

カン・カンチームの高校生は初めてのテレビ出演に緊張し、言い間違えたり顔を真っ赤にしたりと、思わぬ表情を見せる。それがかわいくて、スタジオの観客にも大ウケする。萩本さんは、視聴者からの投稿によるバラエティーをラジオとテレビで初めて大成功させていた。だから普通の人たちの素の姿が実はいちばん面白いということに気づいていたのだろう。

生放送中に機械が壊れてCMが流れないというピンチに直面したことがあった。そのとき、萩本さんと二郎さんが突然、CMで流れるはずだった企業の名前を叫びながら踊り出した。最後は出演者全員で輪になって踊ることに。これこそ生の魅力。いつものCMよりもはるかに面白い。もしかしたらCM以上の宣伝効果があったかもしれない。

NHKの番組で久々にお会いしたとき、萩本さんはおっしゃっていた。

「『ぴったしカン・カン』ではね、久米ちゃんのテンポが好きだったの」

司会者の僕は、それぞれの回答に「惜しい!」とか「××じゃなーい!」と叫び、チーンとベルを鳴らして次の人に回答させる。その繰り返しが番組に一つのリズムを与え、コント55号が本来持っているスピード感とぴったり合ったということだろう。

生放送ゆえに進行を急いでいたという、こちらの事情もある。番組ではクイズを12～13問出すが、いつも20問ほど用意していた。最後のほうになると、どの問題を選ぶかは僕に任されていた。残った数問のうちどれを選ぶか。とにかくこれだけは出したいという問題もある。後半になると焦って先を急ぐ。それが小気味のいいテンポにつながったのだ。

『ぴったしカン・カン』で萩本欽一さん（右）、坂上二郎さん（左）と。出演は、左から藤村俊二さん、相本久美子さん、湯原昌幸さん、倉石功さん、大橋恵里子さん ©TBSテレビ「ぴったしカン・カン」

『ぴったしカン・カン』の司会は、コント55号の二人が降板する1984年6月に合わせて僕も降り、小島一慶さんにバトンタッチした。

ちなみに、僕が問題を読む際に「このとき思わず、〝ほにゃらら〟と叫んでしまいました。なんと叫んだのでしょうか？」と正解を隠すために使った「ほにゃらら」という言葉は、それから広く使われるようになった。

でも本当は、ラジオの投稿者が匿名希望のとき、本人だけには伝わるよう、久米宏を「ふめほろし」と言うように、「ほにゃらへにゃら」と言ったのが始まりだった。

西川きよしさんが立つ土俵

それ以降、テレビではあまり失敗しなくなった。『ぴったしカン・カン』と同時に始まったＴＢＳの『料理天国』（毎週土曜午後6時～6時半）。いわゆる料理バラエティーショーの先駆けで、芳村真理さんが総合司会、西川きよしさんが進行アシスタント、僕はゲストのお気に入りの店を紹介する「味は道づれ」というコーナーのリポーターを務めた。

辻調理師専門学校の一流シェフが最高級の食材を使って本格的な料理をつくる。それを観客の前で元関取の龍虎さんがおいしそうに食べる。料理のつくり方をこまごと説明せず、料理そのものを徹底して味わい楽しむという趣向の番組だった。ほとんどの日本人が本物のフランス料理をまだ知らない時代。それをテレビで見る貴重な機会だった。しかも放送は土曜の夜。見ている側はたまらない。サントリー1社の提供で、とめどもなくお金をつぎこんだ超豪華番組だった。『料理天国』は視聴率平均20％をキープする人気番組となり、1992年まで続くことになる。

目を見張ったのは、西川きよしさんの仕事に取り組む真摯な姿勢だった。何を言われてもいやな顔一つせず、深夜まで続く収録に、寝ていないはずなのに眠そうな顔は一切しない。「くたびれた」なんて死んでも口にしないという気迫をたたえていた。

きよしさんが所属する吉本興業が、まだ東京に事務所を構えていない時代。東京に出張してきたタレントは短期間にラジオやテレビ局をぐるぐる回る。そのスケジュール表を見せてもらったことがある。

驚いたことに、番組から次の番組への移動時間がない。どうしているのか尋ねると、芸人が自分でやりくりして時間をひねり出すという。すなわち前の番組を早く終わって、後の番組に遅れていく。それが〝吉本流〟だった。

そのとき僕はサラリーマンであることを恥ずかしいと感じた。下積みから苦労を重ねてようやく人気タレントとなったきよしさんは、それでも過酷な環境で仕事をしている。自分は給料をもらって与えられた仕事をしているだけ。病気になっても生活は保障されている。だが彼らは事故や病気で倒れた途端に生活ができなくなる。もしも同じ土俵で仕事をしたら勝負になるわけがない。そして同じ土俵で仕事をしなければフェアではないと、どこかで心がうずいた。

その後、僕はサラリーマンからフリーの身に転じることになるが、そのとき雑誌で対談した萩本欽一さんに「僕、病気が心配なんですよ」と相談すると、こんな答えが返ってきた。

「いやいや、久米ちゃんね、フリーになったら病気になんてならないから大丈夫よ」

『ザ・ベストテン』発進

僕がテレビに出たのは、ラジオのために久米宏の名前を売るのが目的だった。ところが、『ぴったしカン・カン』や『料理天国』の成功によってテレビの仕事が増えていき、軸足がラジオからテレビに移っていった。

『土曜ワイド』のリポーターも相変わらず続けていたが、テレビによって名前だけではなく、顔も知られてしまった。行く先々で「あなた、久米さんでしょ！」。もはや「隠しマイク作戦」はできなくなった。

そして1978年1月から、のちに「伝説の音楽番組」と呼ばれる『ザ・ベストテン』の司会を黒柳徹子さんと務めることになる。

『ザ・ベストテン』は同じ時間帯の木曜午後9時から放送していた歌謡番組『トップスターショー・歌ある限り』の後継番組だった。僕はそこで司会の二谷英明(にたにひであき)さんのアシスタントを務めていた。番組はゲストの歌手が持ち歌を披露して、歌の合間にゲストと二谷さんのトークが入るという構成だった。視聴率は振るわず、1年3カ月で幕を下ろした。

それまでにも歌番組の司会をしたことはあった。しかし視聴者はまず歌を聴きたいのだから、そこでの司会者は〝刺身のつま〟のようなものだ。だったら歌手だけで十分ではないか。そんなふうに感じていた僕は、これを機に歌番組の司会は辞退したいと伝えていた。

ところが、次の番組は収録ではなく、僕の好きな生放送。しかも司会のお相手は黒柳徹子さんだという。黒柳さんと一緒なら、司会者が添え物ではない歌番組ができるかもしれない。思わず、

「うーん、それは面白そうですね」と答えていた。

黒柳さんはテレビの草創期から活躍し、生でドラマを演じていた女優だ。永六輔さんの『土曜ワイド』によくゲスト出演され、ノーギャラの飛び入り参加もあった。「黒

柳さんは生放送のほうが絶対面白い」と僕は確信していた。

大先輩に対して大変おこがましいけれど、黒柳さんとは一度、仕事をご一緒したいと思っていた。同時に黒柳さんとはいずれご一緒する運命にあるということを感じていた。黒柳さんがテレビの創成期を共に歩んだ永さんは僕の大恩人に当たる。ご一緒したいというよりも「ついにそのときが来た」という感じに近かった。

一方、黒柳さんは僕とのコンビをどんなふうにとらえておられたのだろう。聞いたところでは、『土曜ワイド』の「久米宏のなんでも中継!!」を日ごろから聴いていた黒柳さんは、「なんだかとっても大胆で、おかしなリポートをする人がいるなぁ」と思っていたという。奇声を発したり、とんでもないことを口にしていたので、小柄で太ったコメディアンか落語家かだと思い込んでいたそうだ。

黒柳さんが『土曜ワイド』にゲスト出演していたある日、中継が終わった僕がたまたまTBSのスタジオ副調整室に弁当を取りに行ったときのことだった。永さんから「あれがリポーターの久米だよ」と教えられた黒柳さんが、身長180センチのひょろっとした僕をひと目見て思ったのは「なんてしゃべりと外見にギャップがある人なんだろう」。

『ザ・ベストテン』の話が来たときに、黒柳さんは僕の名前を挙げて「アシスタントではなく、一緒に司会をしたい」と提案したそうだ。

初めての顔合わせのとき、黒柳さんは、

「どんな若い歌手の方がいらしても、私は敬語を使おうと思います」とおっしゃった。それまで歌番組の司会者の多くは、出演歌手に対して「○○ちゃん」などと呼んで友達のように接していた。しかし『ザ・ベストテン』への出演者は、いくら若くてもプロの歌い手でありお客さまなのだから、全員同じように大人として丁寧に接しようという提案だった。僕はその趣旨に100パーセント賛同した。

さぁ、そこから嵐のような生放送が毎週、繰り返されることになる。

公正なランキングによる大波乱

それまで歌の番組と言えば、前田武彦さん、芳村真理さんの司会で1968年に始まったフジテレビの『夜のヒットスタジオ』の人気が定着していた。毎週変わる芳村さんの華やかなファッション、芳村さんと男性パートナー（前田さんから三波伸介さん、井上順さん、古舘伊知郎さん、と代わる）との軽妙なやりとり、スモークや照明の演出が評判だった。

『ザ・ベストテン』が従来の歌番組と違ったのは、まずランキングの公正さにこだわった点だった。それまでもランキング形式の歌番組はラジオにもテレビにもあまたあったものの、その違いは決定的だった。

黒柳さんは司会を引き受けるに当たり、「番組の演出で順位の操作は絶対しないでください」と申し入れ、「もし順位を動かすようなことがあったら番組を降ります」とまで宣言した。その尻馬に乗って「僕もそうします」と言い添えた。

黒柳さんの強い意志にスタッフも応え、レコードの売り上げだけではなく、視聴者のリクエストはがき枚数、有線放送のリクエスト回数、ラジオ各局のランキングを集計した数値を打ち込むと自動的に10曲の順位が出るシステムをつくった。

つまり、それまではいわばフィクションだった歌番組をノンフィクションの歌番組にする。それが黒柳さんと僕、スタッフの共通した思いだった。

1970年代の歌謡界は、カラーテレビの普及に伴って「聴く音楽」から「見る音楽」へと移行して、歌謡曲の黄金時代が到来していた。

南沙織さん、小柳ルミ子さん、天地真理さんたちアイドル歌手、「花の中三トリオ」の森昌子さん、桜田淳子さん、山口百恵さん、「新御三家」と呼ばれた西城秀樹さん、郷ひろみさん、野口五郎さんたちが次々とヒットを飛ばした。70年代後半からはピンク・レディーが一大旋風を巻き起こし、「ペッパー警部」「UFO」「サウスポー」と記録的な大ヒットを連発した。このとき歌謡界とテレビは、最高の蜜月関係にあったと言ってもいいだろう。

ところが一方で、よしだたくろう（のちに吉田拓郎）さん、荒井由実さん、中島みゆきさん、井上陽水さん、かぐや姫、松山千春さんら「ニューミュージック系」と呼ばれた新しい音楽の担い手は、コンサートを中心にファン層を広げながら、商業主義に染まることを嫌ってテレビに背を向けていた。

公明正大なランキングの弱点は、出演したい歌手が出演できなかったり、出演してほしい歌手に出演してもらえなかったりすることがまま起きるということだった。

初回の放送から、心配された事態は現実のものになった。当時、人気絶頂だった山口百恵さんの「赤い絆」が第11位、「秋桜」が第12位でベストテン圏外に。さらに4位にランク入りした「わかれうた」の中島みゆきさんからは、レコーディングを理由に生出演をやんわり断られたのだ。

レコード大賞の司会を辞退

僕も大のファンである百恵さんの不在は、歌番組にとって致命的だ。しかも初回。百恵さんのスケジュールは出演に備えて空けられ、わざわざ大阪の放送局で待機さえしていた。それまでのテレビと芸能事務所の関係で「圏外だったので今回は残念ながら」という釈明はありえない。

普通なら10位と11位を入れ替えただろう。中島みゆきさんの代わりに百恵さんをという声もあった。だが、それを許せば最初に打ち立てた大原則が崩れてしまう。スタッフは百恵さんが所属するホリプロに出向いて、土下座をせんばかりに頭を下げた。

しかし初回で原則を貫いたことが番組の方向を決定づけた。すなわちデータは絶対いじらない。正直なランキングを守り抜く。そのため僕は毎週、

「○○さんは現在、全国ライブで忙しく、出ていただけませんでした」

「××さんはレコーディング中のため、出演は辞退させていただきます、とのことです」

と謝っていた。

結果的には、それが評価された。業界の関係者、出演歌手、そして視聴者も『ザ・ベストテン』のランキングにウソはないと信用してくれたのだ。そして、ユーミンや松山千春さんら出演を拒否してきた歌手が、この番組に出演するたびに評判となった。見方を変えれば、初回で百恵さんがベストテン圏外になったことが番組を成功に導く呼び水になった。

ランキングの厳正さは、他の番組にも影響を及ぼした。黒柳さんと僕は当時大晦日に放送されていたTBS「日本レコード大賞」の司会を、高橋圭三さんとともに1977年と78年の2年間担当した。（ザ・ベストテンは77年の年末にスタートしていた。）

ところが78年の受賞曲のラインナップが、年末の『ザ・ベストテン』の年間総合ベ

ストテンの内容とあまりにかけ離れていた。同じ司会者によって同じ時期に発表される今年のヒット曲がまったく違うということが許されるだろうか。

「ねぇ久米さん、この司会、やめません？」

黒柳さんの提案に僕は諸手を挙げて賛成し、翌年から二人でレコード大賞の司会を降板した。僕の思いはほとんど黒柳さんによって代弁され、僕は「右に同じ」で済んだ。その意味で黒柳さんに大いに守られ、助けられた。

ランキングにまつわる記録を記しておこう。最も注目を集めたのが、1位を何週続けられるか。最長記録は1981年に大ヒットした寺尾聰さんの「ルビーの指環」で連続12週。2位は10週連続だった世良公則&ツイストの「銃爪」。

トップを飾った回数の1位は中森明菜さんの69回。次いでチェッカーズの51回、松田聖子さんの44回。ベストテン入りの回数では田原俊彦さんの247回がトップで、最高得点は4桁で表される数字で満点の9999点を記録した西城秀樹さんの「ヤングマン」だった。

『ザ・ベストテン』と『ニュースステーション』

『ザ・ベストテン』の魅力は、やはり何といっても生放送にあった。

ランキングも歌手の衣装も中継地の天気もすべて情報だ。だから、この歌番組は「生の情報番組」という意識を、黒柳さんと僕は番組スタート前から強く持っていた。番組の中でも「『ザ・ベストテン』は生放送、生中継、生きている情報、良質な情報、品位のある内容を提供します」とアピールした。

放送中にニュースが飛び込んでくる。せっかくの生放送だから、ニュースの話をしたらどうか。黒柳さん自身、国際情勢や政治に強い関心がある。次第に歌の合間に時事的な話題を取り入れるようになった。

1983年9月1日、ソ連領空内に侵入した大韓航空のジャンボ機が、ソ連の戦闘機に撃墜された事件が発生した。航路を見れば、操縦ミスなどではなく意図的な領空侵犯としか思えない。なのに、どのニュースもそれには触れていない。それなら僕が指摘してみよう、と番組冒頭に話した。

「大韓航空機が樺太（からふと）上空で墜落した模様です。それにしても、どうしてこんなにソ連領空内を奥深く侵入したんでしょうね」

僕にとって『ザ・ベストテン』は時事的、政治的な情報番組であり、のちの『ニュースステーション』のほうがニュースを面白く見せることに腐心したぶん、ベストテン的という意識が強かった。二つの番組は、僕の中で表裏の関係をなしていた。

当時は秋元康（あきもとやすし）さんが進行表を書いていたが、リハーサルで黒柳さんと交わす会話は、

上◯『ザ・ベストテン』出演最終日。黒柳徹子さんとダンス、1985年4月25日21時45分ころ／下◯『ザ・ベストテン』のリハーサルで、ゲストのジュディ・オングさんと　いずれも©TBSテレビ「ザ・ベストテン」

バンドマンのウケを狙ったシモネタや内輪話のみ。二人とも、リハーサルでのやりとりは本番では繰り返さない主義だった。一度話したことを繰り返した途端、それは段取りとなって、必ず視聴者に見抜かれる。

2013年に大ヒットしたNHK連続テレビ小説『あまちゃん』を見ていたら、往年の『ザ・ベストテン』をイメージした歌番組が一瞬登場し、黒柳さんを清水ミチコさん、僕を糸井重里さんが演じていた。テレビの中の「僕」は台本を持っていたが、それはフィクション。ノンフィクション主義の僕たちは、本番で台本を手にしたことなど一度もなかった。

だから二人の受け答えは、相手が予想しないことを言い合う競争でもあった。お互いを驚かせてやろうと、いつも隠し玉を投げ合っていた。バッテリーというよりも双方ともにピッチャーで、剛速球もあればワイルドピッチもありだった。

本番ではアクシデントやハプニングが続出した。演出でセットに連れてきた仔犬がうんちをし始めて小泉今日子さんが笑って歌えなくなったり、1位の郷ひろみさんがミラーゲートから出てこなかったり。

けがをしても、近藤真彦さんは包帯を巻いたまま、中森明菜さんは松葉杖をついて出演してくれた。10代のアイドル歌手が見せたプロ根性が相乗効果となって、さらに番組の評価は高まった。

番組で出演者の誕生日を祝うケーキをみんなで食べたときだ。「五木ひろしさんが画面の隅で指に付いたクリームをテーブルクロスでぬぐっていた」と指摘するはがきが、視聴者から殺到したことがある。五木さんがVTRでお詫びするという大騒ぎに発展した。

テレビは怖い。何千万という視線が注がれ、たとえ画面の端のささいな動きでも視聴者は見逃さない。手は抜けないと肝に銘じた。

いつ何が起こるかわからない。その意味で『ザ・ベストテン』は音楽番組というよりも報道番組かドキュメンタリー番組に近かった。予想できない展開と、そこであらわになる出演者たちのリアルな姿。その圧倒的なライブ感とスリルが、視聴者をくぎ付けにした。

『ザ・ベストテン』が終わった後は、いつも汗びっしょりだった。100メートル競走のように、1時間の生放送を全速力で突っ走って、ゴールを切る。そのとき感じるのは、「今日もいい運動をしたなぁ」という肉体的疲労だ。『ザ・ベストテン』は僕にとって毎週開かれる運動会のようなものだった。

百恵さんのお尻をむんず

黒柳さんと僕が共に心がけていたのは、ゲストのみなさんに『ザ・ベストテン』に出てよかった」と思ってもらうことだった。そのために僕が意識していたのは、ゲストが初めて見せる表情を引き出すこと、初めて語る話を聞き出すことだった。

1979年3月15日、山口百恵さんの「いい日旅立ち」が10位にランクインしたときのやりとり。

「春というと、百恵さんはどんなものに春を感じます？」

「そうですね、新茶なんてね、春っぽいでしょ」

「いやー、いいこと言いますね、新茶。それから？」

「それから……そうですね。あと、なんでしょうね」

「いや、何を言っても感心しますから、ご安心ください」

「あとは、そうですね……薄物のブラウス」

「薄物のブラウス！」

「いやだ、もう！」

百恵さんは最初の質問は台本で知っていた。でも、まさかもう一つ聞かれるとは予想していなかっただろう。困って真剣に考える。そこに素の表情が表れる。見ているほうは「あ、百恵ちゃん、考えている、困っている」とハラハラする。もちろん、こうしたやりとりの前提には「百恵さんなら答えられるはず」という確信がなければならない。

今では考えられないようなおふざけもした。百恵さんの胸元をわざと覗き込み、お尻をむんずとつかんだ。セクハラという言葉がまだ広まっていない時代。誰も百恵さんのお尻を触ったことがない。ならば僕がそのさきがけとならん。さっと触ってキャッと声を上げるだけなら、いかにも予定調和だ。僕は百恵さんのキャッではなく、ギャッがほしかった。

ファンは間違いなく逆上しただろう。ご本人やホリプロからのお咎め（とが）はなかったけれど、抗議の電話は来ていたはずだ。

とにかく、それまでの歌番組と違うことをしなければ、と必死だった。こんなこと玉置宏（たまおきひろし）さんはしないだろう、芳村真理さんにもできないはずだ。そんなふうに自分ができる話題づくりを懸命に心掛けた。

『ザ・ベストテン』がとりもった縁なのか、百恵さんの引退コンサート（1980年10月5日）をTBSが生中継した番組で、僕は実況担当を仰せつかった。日本武道館の客席に座って周りを見回すと、客席を埋めていたファンの多くは女性だった。

ラスト近く、真っ白なドレス姿でステージに立った百恵さんが客席に向かって「本当に私のわがまま、許してくれてありがとう。幸せになります」と語りかけた。頰をつたう涙もぬぐわず、最後の曲「さよならの向う側」を歌い終えると深々と一礼し、白いマイクを静かに床に置いてステージを去った。

コンサートは感動のうちに幕を閉じた。ところが番組が終わるまでにまだ6分余りある。なぜか時間が余ってしまったのだ。ディレクターからの指示は「とにかくつないで」。大ファンだったので話すネタは山ほどあるが、突然の出来事だ。

6分間の空白を埋めるため、カメラに向かって汗だくになってしゃべり続けた。百恵さん最後のステージを間近で見ることができた感激の体験は、悪夢のような記憶とワンセットになっている。

現場中継と豪華なセット

『ザ・ベストテン』の売りの一つが現場からの中継だった。歌手がレコーディングやライブで出演できないからといってあきらめるわけにはいかない。こちらからコンサート会場やレコードの収録現場、他局のスタジオまで出向いていって中継をした。同じ木曜の夜、公開収録していた日本テレビの『カックラキン大放送!!』の収録会場にも遠慮なく潜りこんだ。

「追っかけマン」と呼ばれた松宮一彦（まつみやかずひこ）アナウンサーが、「追いかけます。お出かけならばどこまでも」を合言葉に全国を駆け巡った。

「ベストテン名物」は新幹線中継。車中で歌う田原俊彦さんを駅前ビルから望遠カメラで捉え、中森明菜さんは座席に座ったまま熱唱した。松田聖子さんには、出演映画の撮影現場や飛行機のタラップを降りた空港から歌ってもらった。

カメラは海外にも飛んで、ニューヨークから桜田淳子さん、オーストラリアから少年隊(しょうねんたい)が衛星生中継で歌った。歌手だけではない。夏休みで海外に出かけた黒柳さんを追って、ニューヨークなどの滞在地から中継した。

海外からの中継は現地スタッフに依頼することになる。国際的大事件を伝える報道番組ならいざ知らず、歌番組でこれほど寸秒争うテンポの速い中継は見たことがない、と外国のテレビマンたちは口をそろえた。「日本のテレビはクレージーだ」と。

12年間で中継した場所は約1500カ所。放送局を飛び出したことで、テレビ最大の強みである多元中継が実現できるようになった。これ以後、エンターテインメント番組にも現場中継を取り入れるという手法が定着することになる。

『ザ・ベストテン』のもう一つの大きな魅力が歌手のみなさんが歌うセットの凝りようだった。三原康博(みはらやすひろ)さんをはじめとする美術家が歌手や楽曲に挑戦した結果だった。セットは毎回新しいものが数曲単位でつくられた。同じ曲でもセットが使い回されることはない。

目に焼き付いているのは、百恵さんと大階段。1978年2月。第5位の「しあわせ芝居」を桜田淳子さんが歌った白い部屋を覆うようにして、赤い大階段が上からゆっくりと降りてくる。最上段に立っているのは、第4位「赤い絆」を歌う百恵さん。赤と白の対比が鮮やかだった。

1978年11月の第4位「みずいろの雨」では、ピアノを弾いて歌う八神純子(やがみじゅんこ)さんに雨を降らせた。といっても、これは背後のガラス窓に雨を降らせ、ライトを当てることでフロアに雨模様が這っていく仕掛け。降った水はすべて回収装置で集める大掛かりなセットだった。視聴者はスタジオに降った激しい雨に度肝を抜かれたのではないか。

楽曲のイメージとは無関係に見える突拍子もないセットに、笑ったり戸惑ったりしながら歌う歌手もいたが、豪華で凝りに凝ったスタジオの美術セットは、音楽を「聴く」と同時に「見る」面白さと可能性を広げた。

「健康な努力家」黒柳徹子さん

黒柳さんと僕は年齢的には11歳離れていたが、考え方から思想、ノリに至るまで相性はぴったりだった。だから大先輩にもかかわらず、遠慮なくその髪型を「タマネギ頭」と命名し、ときには「化け猫」呼ばわりもした。

僕にとって『ザ・ベストテン』の司会を黒柳さん以外の人と組むことなど考えられ

なかったし、もしかしたら黒柳さんも僕と同じ思いだったのではないだろうか。

このキャスティングの妙は、『土曜ワイド』のスタジオで黒柳さんが僕を見かけなければ実現しなかったという意味では、偶然の産物だった。そして、その偶然を運命として、僕は必然のように感じていた。

世間は黒柳徹子さんのことを早口でおしゃべりの〝天然キャラ〟だと思っているかもしれない。でも僕が彼女をひと言で表すならば「健康な努力家」。まず体がとても丈夫。そして実は地道な努力家だ。そのことはあまり知られていないと思う。

黒柳さんはできる限りの準備をしてから本番に臨む。いつも手のひらに入るほどの小さなカードにびっしりメモを記し、本番中はそれを確認しながら司会をしていた。どんな仕事にも手を抜かずに全力投球し、そのための努力は睡眠を削ってでもする。

『ザ・ベストテン』時代に個人的なおつきあいはなかったが、『ニュースステーション』にゲスト出演して頂いたときから食事をご一緒するようになった。ある日、いつもは話の止まらない彼女が「今日は帰る」とおっしゃる。理由を聞くと、

「あしたクイズ番組の収録があるから、これから7冊くらい本を読まなきゃいけないの」

30年以上レギュラー解答者を務める『世界ふしぎ発見!』で彼女の正解率が非常に高いのは、解答者全員に事前に知らされたテーマについて、関連する本を片っ端か

ら読んで勉強しているからなのだ。担当ディレクターが図書館に行ったら、黒柳さんに先に借りられていて焦ったこともあったそうだ。

『ザ・ベストテン』を見ていた人たちが覚えているのは、大人数が座れるスタジオのソファかもしれない。司会の黒柳さんと僕が歌手のみなさんをお客さまとして迎え、「百恵さんって1日に4食も召し上がるんですって」などとトークを繰り広げた。番組の最後には毎回、「ハイ、ポーズ」と言って集合写真を撮った。

応接セットは「家庭的なくつろぎ」という番組のメッセージを象徴する演出だった。黒柳さんは「『ザ・ベストテン』の時代は、1台のテレビを家族全員で見ていたいちばん最後の約10年だったのかもしれません」と語っている。

なるほど、そうかもしれない。番組そのものは1989年まで11年と8カ月間続くことになるが、僕が司会を辞めた85年の時点で、若い世代を中心にミュージックシーンは変化の兆しを見せ、すでに「誰もが知っているヒット曲」の時代はほころびを見せていた。

TBSの音楽ディレクターも知らない歌い手が次から次に登場し、CDをはじめとするメディアの進展とともに、音楽は急速に多様化、細分化していく。それはランキングの意味が失われていく過程でもあった。

第三章
生放送は暴走する

視聴率100パーセントの超多忙

『ザ・ベストテン』はもはや「ヒット」というレベルではなかった。視聴率は二ケタから始まり、常時20～25％をマークして、1989年に終わるまでの最高視聴率は41・9％（関東地区、ビデオリサーチ調べ、以下同じ）。田原俊彦さんと松田聖子さんが相合傘で共演した1981年9月17日の放送だった。週に20万通近いはがきが届くこともあった。

こうなると、毎週何千万人もの人々に見られていることになり、電車にも乗れず、まともに街を歩けなくなる。名古屋駅の新幹線のホームで黒柳さんといるところを修学旅行生に見つかったときはとんでもない騒ぎになって、プラットホームが危険な状態にさえなった。

目が回るような忙しさだった。『ぴったしカン・カン』は火曜夜の生放送の後、1本をVTR収録する。参加する高校生の視聴者チームを選ぶための予選が、隔週の日曜に各地で開かれ、僕は当初そのたびに地方に出向いていた。

木曜夜は『ザ・ベストテン』の生放送があり、その後に『料理天国』の収録が深夜まで続いた。「味は道づれ」のリポーターとしてタレントさんとロケに出かけ、時にそれは海外に及んだ。土曜はラジオの『土曜ワイド』で朝から8時間の生放送だった。『ぴったしカン・カン』『料理天国』『ザ・ベストテン』などの視聴率が合わせて100%を超えたため、僕は「視聴率100パーセント・アナ」と呼ばれるようになっていた。

忙しさに拍車をかけたのが、TBS経由で舞い込む「社外業務」だった。ファッションショーの司会やコマーシャルといったアルバイトを、僕は山ほど抱えていた。番組スポンサーのイベントやビデオパッケージなど、アルバイトは人づてに頼まれるのでなかなか断れない。仕事をするたびに芋づる式に増え続け、生放送や収録の合間を縫って走り回っていた。

当時、TBSのアルバイトの二巨頭が、僕と小島一慶さんだった。TBSの親切な先輩がなぜか僕らの敏腕マネージャーと化して、電話を受けたりスケジュール調整をしたりしてくれた。おかげで帰宅する暇も寝る時間も決定的になかった。

そのころから「TBSを辞めてフリーにならないか」というお誘いを何カ所かからかけられていたが、いずれも気乗りしなかった。ただ、フリーになることは頭の隅にはあった。

忙しすぎて、自分が本当にしたいことができているのかを考える余裕すらない。復調したとはいえ身体を気遣う妻からはフリーになることを勧められていたし、一度どん底を経験している身に貧乏は怖くなかった。ただ、自分がフリーに転身すると実際にどうなるのか、現実味を持って想像することがなかなかできなかった。

自分の仕事が一サラリーマンの枠からはみ出しつつあり、このままでは立ち行かなくなることは十二分にわかっていた。アナウンサーという仕事は基本的に個人プレーだと僕は思っている。チームワークが利くような仕事ではない。

だからTBSの社員として続けることに矛盾を感じていたし、これから先は久米宏というアナウンサーをどう育てていくか、ということに心血を注ぎたかった。

僕にとってフリーになるということは、この仕事をとことん突き詰めるということを意味していた。絶壁に自分を追い込まなければ、仕事の上での飛躍は望めない。自分の力でどこまでこの仕事の可能性を切り拓けるのか。そういう確固たる意志が自分にあるのか。その覚悟を確かめる必要があった。

オフィス・トゥー・ワンとの出会い

信頼している友人の紹介で会ったのが、企画・制作プロダクション「オフィス・トゥー・ワン」(以下、OTO)社長の海老名俊則(えびなとしのり)さんだった。赤坂の料亭「龍村(たつむら)」のだだっ広い部屋で二人きりで相対した。

ひげ面で坊主頭、いかつい体つきをした相手はとても堅気の人とは思えず、初対面ということもあり、あまり話は盛り上がらなかった。ＯＴＯは放送作家やタレントのマネジメントを行い、当時は作詞家の阿久悠さんや演出家の福田陽一郎さんが所属していた。ひとしきり雑談をした後、海老名さんが切り出した。

「久米さんは50歳になったとき、どういう生き方をしたいですか？」

「50歳ですか？　それはどういう意味でしょうか？」

「司会者久米宏ではなく、人間久米宏としてどう生きたいか、ということです。具体的に言います。久米さんがなさっている『ぴったしカン・カン』や『ザ・ベストテン』といった番組の司会では、失礼ながら久米宏という人間のちゃらちゃらした側面しか出ていません。30代半ばの今はそれでいいとしても、このままアナウンサーとして50、60になったとき、本当に説得力ある言葉を発することができるでしょうか」

大きなお世話だと思ったが、それは口にしなかった。海老名さんはたたみかけるように続けた。

「私は久米さんが人から与えられた原稿を読むアナウンサーのまま終わる人間だとは思っていませんよ。私の仕事はタレントさんの思いに応じて才能を集め、その方が変わっていくことをお手伝いすることなんです。久米さん、自分が感じたこと、考えたこと、知りたいことを他人の言葉ではなく、自分の言葉で語るような番組をつくってみませんか」

僕自身は、いまだ発展途上の段階にあるテレビの機能を最大限に生かせる番組をつくりたいと思っていた。具体的に言えば、テレビの本質はニュースとスポーツ、民放の場合はCM、これしかない。

「だったら久米さん、いずれ報道番組をしましょう。もちろん、今までにない報道番組です。でもTBSにいたままでは、それはできないと思いますよ」

そう言えば、TBSの入社試験の最終面接のときだった。目の前の重役に「TBSに入社したら何をしたいですか？」と聞かれた僕は、「最終的にはニュースをしたい」と答えていた。その記憶は鮮明に残っている。それはもののはずみで答えたことではあったけれど、もしかしたらそうではなかったかもしれない。

入社試験当時の僕は「放送局は何といってもニュースだ」と思い込んでいた。スポーツも含めて世の中で日々起きている新しい出来事、すなわちニュースをきちんと伝えることが、放送局の本来の役割だと考えていた。

ところが、日本のテレビは報道番組がどうあるべきかについて、まともな議論をしてこなかった。ニュース番組は新聞のなぞりでテレビ的な工夫がない。ワイドショーの多くはスキャンダルを追っていた。「誰もなったことがないアナウンサー」を目指していた僕にとって、報道番組はまだ誰も手をつけていない鉱脈のように思えたのかもしれない。

それに僕は子どものころから新聞記者志望だった。きっかけは他愛のないことだ。小学3年のとき、パイロットにどうしたらなれるかを尋ねるはがきを朝日新聞社に出したら、とても丁寧なぶ厚い手紙が送られてきた。感動のあまり「こういう大人になりたい」と中学、高校では新聞部に入った。でも新聞社に就職できる成績ではなかったことはすでに書いたとおりだ。

とはいえ報道番組をするにしても、せめて40代半ばを過ぎてからだろうと考えていた。社会経験も未熟な30代の人間が報道番組をしても、説得力がない。

「今までにない報道番組を」と海老名さんには言われたが、もちろんそれは「宇宙旅行に行かないか」というレベルの夢物語にしかすぎない。フリーのタレントが報道番組を担当するなど、当時はまったく想定外の話だった。それに海老名さんに言われるまでもなく、僕には「軽薄でちゃらちゃらした司会者」というイメージが怖いぐらいに定着していた。

フリー転身で得たもの、失ったもの

「いずれ報道番組を」のひと言が記憶に残った。数カ月考えて再度面談のうえ、僕は

ＯＴＯにマネジメントを任せることにした。それから半年ほど経った１９７９年６月いっぱいでＴＢＳを退社して、７月１日からフリーの身になった。担当していた番組はすべて降ろされる覚悟だったが、ありがたいことに全番組をそのまま継続することになった。

転身後、仕事仲間と顔を合わせる初の仕事が『ザ・ベストテン』だった。フリーになることはスポーツ紙に大きく報じられていたので、スタッフやカメラマンにどう挨拶するか、スタジオに入るときは緊張した。

ところが入った途端、ビッグバンド「高橋達也（たかはしたつや）と東京ユニオン」のメンバーが拍手で迎えてくれた。考えてみれば、彼らもフリーの集団だ。すっと気分が楽になり、「今日からフリーになります。よろしくお願いします」と自然に挨拶することができた。

心底ほっとしたのは、番組以外にぎっしり詰まったアルバイトのスケジュールから解放されたことだ。ようやく人並みに眠れるようになった。

もちろん、失ったものもある。ＴＢＳ社員時代、僕の一大拠点がアナウンス室だった。暇なときはそこで新聞を読んだり、テレビを見たり、お茶を飲んだりしていた。『ザ・ベストテン』の際は専用の楽屋が用意されていたので、アナウンス室を経由してから楽屋に入っていた。それがフリーになってからは、いきなり楽屋に直行する生活に変わった。

これは相当に勝手が違った。頭ではわかっていたけれど、実際その身になってみると、浮き足立って、なんだかうまく歩けない。ぼんやりしていたら、思わずアナウンス室に行きそうになる。仕事が終わった後も、楽屋からいきなり帰宅すると、何か肝心なことを忘れているような気がした。

ラジオ制作の部屋も1970年以来、『土曜ワイド』の同僚とバカっ話をする溜まり場だったが、社員でなくなってからは出入りする立場を失った。仲間とコーヒーを飲みながら時間をつぶした向かいの喫茶店も、なぜだか急に敷居が高くなった。仕事内容もスタッフ・出演者の顔ぶれもまったく変わらず、肩書きが変わっただけなのに、「久米」とか「久米ちゃん」と呼んでいた先輩や上司は、日が経つにつれ「久米さん」と呼び始めた。

辞めて世間が広くなったのか狭くなったのかもわからない。ゆらゆらと精神的に不安定な状態が続いた。楽屋に行って楽屋から自宅へ帰る生活に慣れるのに1年はかかった。

OTOに入る際、まず運転手付きの専用車を1台用意すると言われた。

「久米さん、やっぱりタレントが乗る車は白じゃなきゃいけませんよ。クラウンとセドリック、どちらがいいですか?」

車の運転が三度の食事より好きな僕にとって、行き帰りに車を運転する時間が何よりの気分転換になっていた。拠りどころを失った僕にとって、その時間はそれまで以上に貴重になった。

「送り迎えだけは勘弁してください。僕は自分で自分の車を運転しますから。それが許されないなら事務所をやめます」

フリーになって、TBSのタレント用駐車場に堂々と自分の車を停めることができるようになった。もしかしたら、これがフリーになったことで手に入れた最大の喜びだったかもしれない。社員時代は時々もぐりで使っていたのだ。

行き帰りの車中が唯一、一人になって解放される時間。よく遠回りして家に帰った。

編集作業をなくした『おしゃれ』

フリーになる前後から僕はインタビューを受けるたびに、「ニュース番組をしたい」「報道番組をする」と答えている。僕自身の中で「最終的には報道番組をしたい」という気持ちは潜在的に持ち続けていた。

そしてOTOのマネジメントは、そこに照準を合わせていた。実際、フリーになってすぐの仕事は、子どもたちを集めて大平正芳(おおひらまさよし)首相と話す『100人の子供達』という特別番組だった。

中国残留孤児のリポートでは中国の東北地方まで出かけ、帰国後、女優の香川京子さんがいる北京と東京を中継で結んだ。その後、厚生省（現厚生労働省）は１９８１年３月、中国残留孤児を日本に呼んで肉親捜しを始めた。

１９８３年からは『久米宏のがん戦争』シリーズがテレビ朝日で始まる。この医療ドキュメンタリーは、『ニュースステーション』をしている間も、年に１回のペースで２００４年まで続けることになる。

フリー転身後、１９８０年１月から帯番組として初めて取り組んだ仕事が、日本テレビ『おしゃれ』の司会だった。資生堂の１社提供で、月曜から金曜の午後１時15分から15分間、ゲストを迎えて趣味やファッション、仕事などの話を繰り広げる。１９７４年から三橋達也さん、石坂浩二さん、杉浦直樹さんと俳優陣が務めてきた司会を引き継いだ。

前任者までは立派な放送台本があり、司会者とゲストのせりふが何ページにもわたって書いてあった。台本通りに収録し、編集する。驚いて僕はディレクターに尋ねた。

「みなさん、これを全部覚えていらっしゃったんですか？」

「基本的にはそうです」

僕には到底できない。

「ゲストについては箇条書きのペラ１枚でけっこうです」

『おしゃれ』でかたせ梨乃さん（中央）をゲストに、楠田枝里子さんと ©NTV

Ａ４１枚に書かれた情報を参考にインタビューをして、最初は時間をオーバー気味に終えていた。そのうちペラも無視してすべてアドリブでインタビューし、編集を完全になくすことにした。

生番組の経験を積んでいた僕は、時計の秒針を見ながらしゃべることができる。ＣＭを除く12分15秒で番組をぴったり収める自信があった。

編集しないほうが、妙な間が空いたり言い間違えがあったりして、視聴者には面白い。それが生のインタビューであり、日常の会話でもある。台本も編集も要らないため番組にかかる経費はかなり減ったはずだ。

年間約２５０人のゲストにインタビューしたことになる。『ニュースステーション』開始後も、この番組だけは１９８７年４月の最終回まで続けた。

スポンサーの資生堂は、この番組が日本中で見られるようにと全力を尽し、民放の原則を飛び越えて、とにかく日本中での視聴を可能にした。どこかの離島に旅した時、応接ロビーで、とんでもない時間に、この『おしゃれ』が放送されていて、驚いたことがある。

テレビだけができる番組

この間、僕はOTOのスタッフたち数人とで新しい番組を立ち上げるべく模索していた。毎週2、3時間、場所を変えてスタッフと勉強会を重ねた。最後は東京・青山にある瀟洒（しょうしゃ）なマンションが企画会議の場になった。

後で知ったことだが、その部屋は脚本家の向田邦子（むこうだくにこ）さんのお住まいだった。1981年に航空機事故で亡くなられたのち、趣味のよい家具や絵画、使いこなした革のソファ、大切に育てられた観葉植物がそのまま置かれていた。

企画会議は毎回刺激的で、ディレクター、CMカメラマン、映画監督などさまざまな分野から著名なゲストスピーカーを招いて話を聞いた。

フリーになる1、2年前から僕が考えていたのは、とにかくテレビでしかできない番組、これがテレビだ！という番組をつくりたい、ということだった。

ではテレビとはいったい何だろう。たとえばテレビドラマを考えた場合、その迫真性では映画館で見る映画、劇場で見る演劇には、かないそうにない。音楽は生のライブに到底及ばず、好きな曲だけを聞くならCDのほうがいい。ニュースにしても、信頼度はまだまだ新聞のほうが高い。

そうやってテレビでなくともできるものを落としていった先に何が残るか。その残ったものこそがテレビであり、それを拡大した番組をつくればいいと考えた。

テレビの番組をバラエティーやドラマといったジャンルで分けても意味はない。テレビでは首相会見とアイドルの歌と脱臭剤のCMとが隣り合って存在している。しかも視聴者にいつチャンネルを変えられるかわからない。

テレビに区分があるとすれば「テレビ的な番組」と「テレビ的ではない番組」の二つだけだ。新聞は政治面、経済面と紙面のジャンルが分かれているが、テレビがそれをなぞる必要はない。いろいろなものをきれいに区分けできないところがテレビの特徴であり、強みだからだ。テレビの世界は寄せ集めであり、ごちゃまぜの猥雑なものなのだ。

テレビの特性は映像を伴う生放送にある。次に何が起こるかわからないというのが、生の特性であり、テレビの本質だ。ならば視覚に訴える情報を生で伝えるニュースとスポーツ、それがもっとも「テレビ的」ではないか。

情報伝達機関としてのテレビを考え直すことだ。新聞を読まない視聴者にわかりやすく情報を伝える報道番組。リズミカルな呼吸のあるニュースショー。そしてテレビに必要なのはエンターテインメント性だ。

たとえば、歌番組の司会をするようなポピュラーなタレントが政治の現場に入ってニュースを伝えたら、ニュースがより身近に味わえるだろう。あるいは政治ニュースを伝えた後に百恵さんに1曲歌ってもらって、その次に経済ニュースを伝える。思えば『ザ・ベストテン』でも同じようなことを考えていた。

こうして2年半の間、会議を重ねて生まれたのが、情報バラエティー『久米宏のTVスクランブル』(以下『TVスクランブル』)だった。政治、経済だけではなく風俗、流行、人間ウォッチング。毎回、旬の話題を10分前後のVTRで取り上げ、それについてパーソナリティーたちが野次馬的に勝手に言い合う。

情報は人間が生み出したものだ。情報の表にも裏にも必ず人間が生きている。そうした人間たちのヒューマンドキュメント。政治問題も犬の赤ちゃん誕生も等距離に置き、ごった煮にして(まさにスクランブル!)、その混乱をそのまま見せようとした。

当初、僕はアイデアの提供者として企画会議に参加し、自分が番組に出演するつもりはまったくなかった。番組はつくり上げるプロセスがいちばん面白い。出演すると毎週続けていかなければならず、これほどしんどいものはない。発案、演出、プロデュースを担当して番組を成功させ、次の番組にとりかかる。それが僕の夢であり、『TVスクランブル』はその記念すべき初の作品となるはずだった。

番組の内容が固まって「では出演者選びに入るか」という段階で、みんなが思いつく限り司会者候補を挙げていった。海外のタレントを含めて黒板にびっしり名前が書き連ねられる。そして一人ひとり消していった。最後まで残ったのは僕の名前だった。僕の夢はもろくも崩れ、ひどくがっかりした。

本音で勝負する横山やすしさん

「テレビでしかできない番組」という課題とともに、頭にあったのはテレビに対する反省だった。テレビにリアリティーがないのは、そこにウソが多いからだ。

たとえばワイドショーの司会者が、悲惨なニュースを眉間にしわを寄せながら深刻に伝える。ところが、ＣＭを挟んで次のコーナーでは、ニコニコ笑いながら「今日はにぎやかなお祭がありました」と伝えている。ここには明らかにウソがある。見ず知らずの他人の不幸に寄せる同情には限界がある。人は他人の不幸をどこかで面白がったりする傾向さえあるのだから。

たとえドキュメンタリー番組でも、テレビカメラを向けられた途端、被写体となった人物は否が応でもカメラを意識して、素のままではいられない。無意識に演じてしまう。ここにも、やはりウソがある。司会者の自分にしても、ウケを狙って自己演出するというウソをついている。どうにか本音で勝負できないか。

そこで浮かんだのが、横山（よこやま）やすしさんだった。やすしさんを紹介していただいたのは、『料理天国』で知り合った相方の西川きよしさんだ。

「一度やっさんに会ってみ、面白いから」

無免許運転や暴行事件など、やすしさんの破天荒ぶりはすでに知られていた。「やすしは、やめたほうがええでぇ」。親しくしていた、当時やすし・きよしのマネージャーだった木村政雄さんからそう聞かされると、ますます興味がかきたてられた。

『料理天国』の食レポのコーナーで初めて会ったやすしさんは、やはり「普通」ではなかった。そうだ、静岡の丸子の「とろろ飯」だった。美味しかった。

その意見が正しいか間違っているかは別にして、彼は常に自分の本音を口にした。

そのドキュメントこそがテレビだと思った。

「やすしさんの存在は欠かせない。やすしさんさえ口説けたら、この番組はできる」

僕の訴えにOTOが水面下で動き、やすしさんの了承を得ることができた。大阪の演芸場「うめだ花月劇場」に挨拶に行ったときのことは、今もはっきり覚えている。

当時は劇場というよりも地域の集会所に近かった。客席では誰も出し物なんか聞いておらず、客同士のおしゃべりのほうが盛り上がっている。子どもが走り回って、買い物かごを持ったお母さんが勝手に話し込んでいる。

ところがしばらくすると、母親が子どもを呼んで客席が急に静まり返った。「やすし・きよしの登場です」のアナウンスが流れる。幕が開くと万雷の拍手。

二人が繰り広げる生の漫才のなんたる面白さ！　矢継ぎ早に繰り出されるネタに会場はどよめき、爆笑で客席が揺れる。僕は涙を流し、息ができないぐらい笑った。お客さんはこれを見るために来ていたのだ。

楽屋に挨拶に行くと、やすしさんはランニングシャツにステテコ姿であぐらをかいて花札に興じていた。

「久米です。よろしくお願いします」

その晩、やすしさんに大阪の街に飲みに連れていかれ、命がいくつあっても足りないという経験をした。

最初の店で出来上がった彼は、もう目つきが変わっていた。「何こっち見とんねん?・」。相手が堅気であろうとなかろうと、飲み屋でケンカをふっかける。刺せるもんなら刺してみぃ、という顔のやすしさんが相手も怖い。一杯飲んではケンカ寸前になり、一万円札をポンと置いて「次、行こか」。これが10軒ほど続いた。

僕を試したところがあったのかもしれないが、後で吉本興業の人に、

「やすしと二人だけで飲みに行くもんは吉本、いや大阪にはもう誰もおらん。あんたはエライ！　たいしたもんや」

と変なほめられ方をした。それならそうと、あらかじめ言っておいてほしかった。

やすしさんは飲むと一変するが、いつも箸の位置をまっすぐに直すような神経質な

面があった。そして東京への対抗心が尋常ではなかった。『ザ・ベストテン』の黒柳徹子と久米宏なんて東京モンの典型だ。

「東京がなんぼのもんじゃい！　タキシードかなんか着くさって、ええかっこしぃしやがって」

そのむき出しの本音が気に入って、僕はとにかくこの人と一緒に仕事をしたいと思った。

「ワシャ大阪弁しか話せんけど、それでええのんか？」

「日曜日はボートレースが終わってから行くけど、それでええのんか？」

「ボートレースで勝った日は打ち上げで飲まなあかんねん。それでええのんか？」

やすしさんを紹介した張本人の西川きよしさんからも、

「やっさんですよ。久米さん、ほんまにええんでっか？」とやはり念を押された。

いつも新鮮、常に緊張

『TVスクランブル』の誕生は、日本テレビの勝田健（かったけん）さんという人物を抜きにしては考えられない。深夜ワイドショーの草分け『11PM』のチーフ・プロデューサーをされていた勝田さんは、僕たちのために1時間の生放送枠を確保して、新しい番組企画の成立をずっと待っていてくれたのだ。

日曜午後8時から1時間。テレビで僕の名前が付いた初の冠番組は1982年10月にスタートした。

番組に関わっていて面白いのは、企画を考え出して軌道に乗せるまで。ところが、『TVスクランブル』に関しては毎回、スリリングで新鮮だった。

番組セットはコロセウムのような形の観客席が後ろに控え、アシスタントの渡辺みなみさんがVTRをセットする。日本テレビ解説委員の福富達さんが説明し、やすしさんがコメントする。

やすしさんは、いつ放送禁止用語を言うかわからない。言わなければいいなと思うことを言う。暴言を吐くかと思えば、「今日は黙秘権」と言って発言を一切拒否したりもした。

旧ソ連のブレジネフ書記長が1982年に亡くなって、その国葬を番組で取り上げたときだった。やすしさんが言い放った。

「こいつ、アカやろ?」

いったい何を言い出すのかと思って応じた。

「まぁソビエトといえば共産主義国家ですから、アカって言えばアカですかね」

「なんでこんなヤツの葬式、テレビでやらなあかんねん！　アカはどっかに押し込めておくしかないで」

生放送だからどうしようもない。やすしさんが国粋主義者であることは知っていた。「こりゃまずい！」と思いながらも、同時にどこかで「面白いなぁ」と感じている自分がいる。生放送で何が起きても驚かなくなったのは、このとき以来だ。

「やる以上は命がけでやらなあかん」というのが、やすしさんの性分だった。こちらが手を抜くと、やすしさんは即座に見抜く。こちらも命がけでやらねばならない。殴り合いになったら僕も加わろうと腹をくくった。僕はいつでも番組を降りる覚悟で臨むことになった。

やすきよの笑いのパターンを見ると、きよしさんは論理派で、やすしさんは感情派。二人のボケとツッコミのやりとりが熱を帯びていくに従って、やすしさんの感情が高ぶり、自分で抑えきれなくなってしまう姿が爆笑を呼ぶ。そして時折、このボケとツッコミが入れ替わる。

番組で僕がきよしさんになって、やすきよ漫才を再現しても意味がない。ならば先手を取って、やすしさんが激する前に、僕のほうが逆上したらどうなるか。これまでに見たことのないやすしさんの姿を見せることができるかもしれない。彼が困って涙ぐんだりすれば大成功だ。まったく新しい横山やすしさんを見ることができるのではないか。

やすしさんと僕は同い年だった。漫才とは違って、打ち合わせも何もない番組だ。お互い真剣勝負だった。実際、僕が最初に怒鳴り散らしたら、やすしさんは言葉を失って、最後は黙り込んでしまった。

やすしさんも最初の2、3カ月は酒を飲んでの出演を遠慮していたが、回を追うちにだんだん酒量が増えていった。水割りを飲みながら出演し、そのうちへべレケになってくる。本番中に「久米ちゃん、しょんべん」と言って途中退席し、そのまま帰ってこない。その無軌道ぶりといったらなかった。

そもそも番組に現れるかどうかもわからない。現れれば、まずその日の顔色、機嫌を探らなければならない。終始気を抜けず、番組は異様な緊張感に満ちていた。出演していて、こんなにスリリングな番組はない。スタジオのお客さんも視聴者も彼のハチャメチャな言動にいつもハラハラ、ワクワクしていたと思う。

一方で、視聴者からの抗議が大変だった。放送が終わった途端、電話が殺到する。大人しければ大人しいでつまらない、騒げば騒いだでケシカラン。視聴者の反応に翻弄されるのはテレビの宿命だ。

『TVスクランブル』の経験で、もう怖いものはない、生番組で何が起きても大丈夫、なんとか切り抜けられる、という度胸がついた。その怖いもの知らずの度胸がなければ、『ニュースステーション』など始められなかっただろう。

やすしさんは番組が終わると、即座にスタジオから姿を消した。番組中の会話以外で彼と話をしたのは、放送した2年半で合わせて10分間になるかどうか。僕にはそれで十分だった。

毒を食らわば選挙特番まで

『TVスクランブル』はラジオ『土曜ワイド』の考え方をテレビに持ち込み、「トチったらごめんなさい」と言えるようなリラックスした番組にしたかった。経済摩擦や教育問題など本来なら長時間の議論を要するシビアな問題をわずか3分間で済ませ、しかもその次のコーナーに「日本全国美人妻」という不埒なコーナーが入るのだから、到底まじめ一本では通せない。

「日本全国美人妻」は各地で美人妻とされる女性を紹介する人気コーナーで、まな板を包丁でトントンと鳴らしている奥さんの後ろ姿が映り、ナレーターが「奥さん!」と呼びかけると振り向いて、手づくり料理を紹介する。そんなVTRを見たやすしさんが○×で判定する。機嫌がいいやすしさんは満面の笑みで「まる〜!」と叫んだが、時々「こんなん気に食わん。バツ!」と仏頂面で断じた。

「なんでもベスト5」というコーナーはさまざまなランキングを発表する。「女子中学生に聞く、見ちゃいられない父親の醜態ベスト5」となると、5位「立ち小便をする」、4位「地震にうろたえる」、3位「私の宿題が解けない」、2位「家を裸で歩き回る」、そして1位「駅のゴミ箱から新聞を拾って読む」。

僕がやすしさんに投げて、やすしさんが返す。

「横山さん、全部してるんじゃゃないですか。心理学上ではこのくらいの年になると、父親と一緒にお風呂に入ると、男に対する期待とか神秘性がなくなるからよくない、といわれているんだそうです」

「小便やってる！　宿題でけん！　すまん。でもな、心理学も占いも競艇場の予想屋と変わらん。統計なんてつまらん！」

放送日が国政選挙と重なったときは『久米宏のTV選挙スクランブル』と題して放送枠を拡大し、恐ろしいことにやすしさんと開票速報をしたことがあった。日曜夜の生放送枠だったから、ちょうど開票のタイミングだったのだ。日本テレビは「毒を食らわば皿まで」と腹をくくったのか。

「血液型別政治家演説」「正しいミソギの仕方」「落選候補のなぐさめ方」といったスクランブルらしい企画を盛り込んだ。マスコミが「当確」すなわち「当選確実」と報じると候補者が万歳をする。それでは面白くないからと、「落確」つまり「落選確実」をバンバン報じたら、案の定「ふざけるな」とお叱りの電話が押し寄せた。

『久米宏のTV選挙スクランブル』で横山やすしさんと ©NTV

万歳シーンを映す前には、その候補者が選挙中にどんな公約をしたかを伝えることも忘れなかった。

裏番組は大河ドラマ

『TVスクランブル』の番組作成に向けては、毎週2回の会議を開いていた。一つは長期的な視点で全体の企画を考える。もう一つの編集会議は土曜夜に最終的な方向とニュースの取捨選択、並びを決める。

最初の会議では、8人の放送作家が持ち寄ったネタが毎週100本近く上がってくる。そこから10～15本のネタに絞り込んだら十数人の調査スタッフが裏付け調査に走り、ものになりそうなものはロケに出てVTRにする。

本番で採用されるようスタッフたちは知恵を絞り、アイデアを競いあった。煮詰めに煮詰めたVTRもすべてはオンエアできない。結果的に限界まで凝縮した内容になった。

日曜夜8時からの『TVスクランブル』は、ちょうどNHK大河ドラマの裏番組になる。だから企画や取材に時間と労力を注いだとはいえ、まったく勝算はない。続いても半年ぐらいだろうと僕は思っていた。日本テレビ側も「大河の裏だから視聴率にはこだわりません」という。制作発表の記者会見に来たのは、創刊したてのテレビ専門誌『ザテレビジョン』1社だけだった。

ところが、「業界でウケている」という噂に意を強くした。ラジオ『土曜ワイド』の「素朴な疑問」シリーズは、まず業界で話題になってから人気に火が付いた。つまりヒットする番組はまずプロが認める、という成功体験があったのだ。

実際、視聴率は第1回こそ6・6％（関東地区、ビデオリサーチ調べ、以下同じ）だったものの、どんどん上がって20％を維持したときもあった。とくに1983年から始まった大河ドラマ『徳川家康』は平均視聴率が30％の人気番組だったから、その裏で大いに健闘したと言っていいだろう。やすしさんは、

「『徳川家康』は見るな。でも『おしん』は絶対見ろ」と息巻いていた。

生放送だったため、僕は毎週番組が始まるまでNHKの午後7時のニュースをチェックし、いつも時計をにらんで番組を進めた。大河ドラマをモニターで見ながら、本編が終わる午後8時44分、視聴者がチャンネルをNHKからこちらに切り替えてくれる瞬間、

「大河ドラマをご覧になっていたみなさま、こんばんは」

と挨拶した。それが評判を呼んで、実際にNHKから日本テレビに流れてくる視聴者が増えた。

番組の企画で、大相撲初場所の結びの一番に番組の懸賞旗を出したことがあった。9日目から千秋楽まで、東西力士の呼び出しの後、「日曜ヨル8時生放送　久米宏のTVスクランブル　日本テレビ」と書かれた懸賞旗が土俵を一周する。

NHKの画面に民放番組の広告がちらっとでも映ったら面白いと思ったが、企業広告NGのNHKは、この場面になると遠景ショットに切り替えて、画面に対戦成績のスーパーをかぶせる。徹底的にマークされたのか、番組の懸賞旗が画面に映ることはなかった。

懸賞を読み上げる場内音声も絞られてアナウンサーの解説などがかぶせられるが、「久米宏のTVスクランブル」と読み上げられたとき、国技館はどよめいたという。この懸賞旗は視聴者にプレゼントされた。

誰もが自由にものを言える社会

『TVスクランブル』の最初のころ、僕は番組の中でいわば編集者の役割に徹して、自分の意見を口にしなかった。しかし、やすしさんの失言、暴言をそのまま放っておくわけにはいかない。あまりに極端な意見には、その反対意見を言わなければバランスを欠く。いつの間にか僕も自分の考えを話すようになっていた。

念頭にあったのは、視聴者の脳を刺激するということだ。たとえば、番組で「女子高生はどんなとき、父親に相談するか」というアンケート結果を出す。これは家族みんなの問題であり、誰もが興味を持って見てくれる話題だろう。

実際に『TVスクランブル』が家庭内の話し合いの機会になった」という声は少なくなかった。まだ一家にテレビ1台の時代。そのころまでは、テレビが家族のコミュニケーション手段の一つに使われていた。家族がそろう日曜の午後8時という時間帯も功を奏した。

ラジオにせよテレビにせよ、番組は少しでも視聴者を楽しませたり励ましたりするような内容でなければならないと僕は思う。

放送はモノを生み出すことはできない。できるのは考え方や感じ方、生き方の小さなヒントを伝えること、そして視聴者に少しでも得をしたと感じてもらうことくらいだ。放送という世界に携わった以上、世の中の役に立つ番組にするという青臭い目標を失ってはいけないと思う。

問題は何をもって「役に立つ」とするか。僕が理想として思い描くのは「誰もが自由にものを言える社会」だ。

確かに日本では「言論の自由」が認められている。だが自分の身の周りに目を向ければ、学校や職場のいじめに象徴されるように、この社会では仲間うちで一人だけ違ったことをすると白い眼で見られ、場合によってはつま弾きにされる。

たとえみんなが感じていることでも、「それを言ったらまずいんじゃない?」と空気を読むことが期待される。考え方や感じ方は人それぞれに違うのに、同じような意見や行動を求められる。そうした目に見えない圧力が、この社会から自由にものを言う空気を奪ってきた。

難しい話ではない。身近な例でいえば、上司に「飲みに行こう」と誘われたとき、「会社以外での付き合いはしません」と自然に断ることができる。周りもそれを普通に受け止める。むしろ「あいつ、変わってるね」という人物評が褒め言葉になる。そこから、僕の目指す「誰もが自由にものを言える社会」が始まる。

久米君はワシを必要としてるんか

『TVスクランブル』のテーマは、実はそこにあった。日本人はもっとてんでんバラバラな方向に生きればいい。「自分はこう思う」と自由に発言すればいい。そのことに気づいてほしくて、僕は極論も口にした。選挙でタカ派の内閣が成立したときに「徴兵制が復活しても知らないよ」と言ったように。

やすしさんは自分が言いたいことを好き勝手に発言していた。したい放題に行動していた。世間の空気を読むこともなく、放送コードに配慮することもなく。そんな人がテレビに出ている。僕だってあなただって自由にものを言っていいんだよ。したいことを行動に移していいんだよ。番組を通して、そんなメッセージが自然に視聴者に伝わっていけばと思った。

「人に迷惑さえかけなければ何をしてもいい」というのは、やすしさんの生き方の根本にあった。「まぁ迷惑をかけることはあるけどな」と彼は言っていたけれど。そして実際、多くのスタッフがどつかれていたけれど。でも、やすしさんが青筋立ててめちゃくちゃ怒っているときも、よく見ると目は悲しそうだった。

やすしさんはだんだん番組に姿を現さなくなり、僕らは急遽、黒柳徹子さんや糸井重里さんに出演をお願いした。無断欠席もあって、ついに限界の判断が下された。やすしさんは84年11月に降板。最終回の記憶はない。番組はパチンと破裂して雲散霧消した。

やすしさんは『TVスクランブル』に出てから政治的な発言をするようになり、世間から誤解され、人々の不興を買うようになった。酒量が増えて、生き方もどこかでブレーキが外れたように不祥事とトラブルを重ねた。やがて表舞台から姿を消して、アルコール依存症による肝硬変のため、1996年に51歳の若さで亡くなった。

根っからの漫才師だったやすしさんを「ただの漫才師にあらず」という立場に置い

たのは僕だったのではないか。『TVスクランブル』への出演が、結果的にやすしさんの命を縮めたのではないか。後年、『ニュースステーション』に木村政雄さんをお呼びした際、そのことを話したことがある。それについて木村さんは著書にこう記している。

「それは違うのです。仮にあの番組に出なくても、芸人横山やすしはああしたテレビでの事件を引き起こしたと思うからです。横山やすしの生き様は普通の社会の規範とは別のところで動いていたのです。『期待される芸人横山やすし』としては、すっぽかしもひとつの生き様だったのかもしれません」（木村政雄著『やすし・きよしと過ごした日々』）

また、木村さんは雑誌にこうも書いている。

「あれは横山さんにとって、初めての挫折だった。しゃべりの天才を自負していた自分が、久米さんにしゃべりで負けた。だから遅刻し、酒を飲み、暴言を吐き、と脱線して目立つしかなかったが、久米さんのお陰で、また人気が出たのだから、それはありがたいことだ。結局、横山さんは番組をすっぽかして降板させられる。ああした持てはやされかたは、実は重荷だったのではないか」（「週刊文春」２００２年12月19日「さらば吉本興業」）

この言葉を裏付けるように、酔っ払ったやすしさんが人払いしたうえ、番組関係者に聞いてきたことがあったそうだ。

「なぁ、ホンマのこと言ってくれ。久米君はワシを必要としてるんか」

僕はこのことをずいぶん後になってから人づてに聞いた。『TVスクランブル』は最初から最後まで、やすしさんあっての番組だった。

6対4のバランスシート

やすしさんはどれくらいの人から好かれ、どれくらいの人から嫌われていたのだろう。勘としかいえないが、人気を保つためには、6割の人に嫌われ、4割の人から好感をもたれるのがバランス的にはいちばんだと僕は考えている。

すべての人から好かれたいとは思わない。みんなに好かれていることは、実は誰にも好かれていないということだ。嫌いになる人がいるから、好きになってくれる人がいる。言い換えれば、嫌われる要素がなければ本当には好かれない。

僕がアナウンサー教育に違和感を覚えたのは、いわばそれが誰からも好感をもたれるような人間になるための練習だったからだ。その人が持っていた話し方の欠点を指摘し、正しい標準語を話せるよう矯正する。特徴をなくすことは個性を消すことに等しい。それは自分が自分でなくなることのように思えた。

日本人は周りに嫌われることを極度に恐れる。みんなに好かれるのは不可能なことを理解し、みんなに好かれなければという強迫観念を捨て去ることができれば、日本はもっと生きやすい社会になると思う。

そんなことを考えたのは、自分の番組をすべての人に見てもらうことは不可能だということに気づいたからだ。１００人のうち15人が見れば視聴率は15％になる。85人には嫌われてもいい。しかし15人に好きになってもらうには、みんなに好かれようとしてはいけない。

しかし実際は、85人にそっぽを向かれるのは恐ろしい。思わずたじろいでしまう。だからこそ嫌われることに耐える勇気と覚悟が必要だった。

『ＴＶスクランブル』のころは、まだ人に好かれたいという、よこしまな心があった。だから6割の人に嫌われ、4割の人から好感をもたれるという6対4の比率は逆だった。6割に好かれ、4割に嫌われるというバランスシートに基づいて、僕はけっこう自己演出をした。「クールで明晰なヤツ」というイメージが6割。「冷たくて嫌なヤツ」というイメージが4割。

この6対4の割合が自分なりの〝黄金分割〟で、人気のバランスシートがこのくらいの時期がいちばん冒険できる。つまり「半分の人間が自分を認めている」という自信と、「どうせ半分くらいしか認めていないんだ」という奔放さが最良の結果を生む。

これが国民的な人気者となってしまうと、逆にその人気に縛られて、自由に身動きできなくなってしまうのだ。

「軽薄」という褒め言葉

これは番組についても当てはまる法則ではないだろうか。みんなに好かれようとした番組は意外と当たらない。ものすごく好かれる部分と、ものすごく嫌われる部分がなければ、面白い番組にはならないのだ。

『TVスクランブル』で「限定情報」というコーナーがあった。「地方出身女子大生のアカの抜け方」や「正しいバンザイの仕方」など極めて限定された人だけに役立つ情報を提供する。対象外の人は見ても仕方がないような内容なのだが、「そういうのって、みんな逆に見たがらない?」という発想が企画のベースにあった。

極めて狭いターゲットしか狙っていない「限定情報」は、実はみんなが見たがる。その発想は「6割にしか好かれないアナウンサーが人気者になる」「ものすごく好かれる部分とものすごく嫌われる部分がなければ面白い番組はできない」という考え方と根っこは同じだ。

6対4の自己演出のせいか、マスコミで僕の話し方とパフォーマンスは、「軽妙」「当意即妙」「天才的話術」と持ち上げられる一方で、「軽薄」「お調子者」「電波芸者」といった形容も同じくらい付きまとった。

「軽薄」と呼ばれることについて、僕は前向きにとらえていた。なまじ賢そうな顔をしてしゃべるのは社会に実害を及ぼすけれど、軽薄ならば何を話そうが社会への影響力を持たないだろう。

若者向けの週刊誌に「軽薄なアナウンサー」という見出しで記事を書かれたことがある。よく読んでみると、そこではむしろ「軽薄」が一種の褒め言葉として使われていた。驚くとともに「日本語が変わった」と思った。軽薄短小はホメ言葉となっていたらしい。

時代の空気もあったのだろう。1970年代の2度の石油ショックを経て、日本の高度経済成長は終わり、80年代に入って産業は、それまでの鉄鋼や自動車といった「重厚長大」からハイテクの「軽薄短小」にシフトする。社会は消費をひたすら謳歌するバブル景気に向かっていた。微熱を帯びて浮かれたような気分と社会がシンクロしたともいえる。

そうした時代の空気はやがて、従来の重々しくて生真面目な報道番組ではなく、それまでになかった軽やかで親しみやすい報道番組を生みだすことになる。『ニュースステーション』だ。

第四章
『ニュースステーション』に賭ける

中学生でもわかるニュース

新しいニュース番組の企画は、僕とオフィス・トゥー・ワンのスタッフが『久米宏のTVスクランブル』の企画会議をしながら、ずっと思い描いていたことだった。

実際、二つの会議の主要メンバーは基本的に同じ顔ぶれだ。『ニュースステーション』の原型となる企画を練る会議は、『TVスクランブル』の企画会議と並行して、1984年夏ごろから週1回のペースでひそかに進められていた。

『TVスクランブル』自体、未来のニュース番組につながるステップボードのような役割を果たしている。僕が考えていたのは、まず「中学生でもわかるニュース」だ。

たとえば専門用語などを使わず、逐一わかりやすい言葉に言い換える。テレビの視聴体験は音声情報だけのラジオと異なり、映像からの視覚情報に9割の神経が費やされる。残りの1割で言葉の内容をちゃんと理解してもらうためには、難しい言葉や複雑な内容は盛り込めない。

中学生が理解できれば、ほとんどの人にわかってもらえるはずだ。逆にいうと、中学生が理解できないのなら、ほとんどの人はわからないだろう。ニュースを見ている大人はなんとなくわかった気になってはいるが、本当のところは理解していないのだ。

当時は「女性と子どもはニュースを見ない」と言われていた。しかし『TVスクランブル』で僕が学んだことは、ニュースに対する子どもたちの優れた理解力と直感力だった。ニュースを伝える人間が本気かどうか、本当のことを言っているかどうか、彼らにはごまかしが利かない。

新しいニュース番組は「ニュースを伝える立場」ではなく、「ニュースを見る側」に立つことを第一とした。取材経験のない41歳の軽薄なタレントが仕切るニュース番組だ。中学生ならこのニュースを見てどう感じるか、どこに疑問を持つか、どう伝えれば面白いと思うか、そんな素朴な疑問や発想を出発点にしたかった。だから僕の役割はキャスターというよりも、視聴者代表の司会者だと考えていた。

大事なのは「テレビ的なニュース」にすることだった。それまでのニュースは原稿主義、つまり原稿の中身をしっかり書くことが最優先され、映像はその添え物という位置づけだった。それでは活字からなる新聞記事と本質的には何も変わらない。

テレビが面白いのは生きている人間がそのまま映っているからだ。出演者の髪型から服装、癖や表情、語り口。それらが見ている者の皮膚感覚に訴える。この皮膚感覚こそがテレビと他の媒体との決定的な違いだろう。

テレビで伝える限りは、その最大の持ち味である生放送の魅力を生かし、映像先行のニュースにしなければ意味がない。だから出演者と同時にセットや小道具、カメラワークも視覚的に心地よいものにしなければならない。

そして何度も言うように、テレビにはエンターテインメントの要素が不可欠になる。それはニュースを軽視することではない。エンターテインメントのもともとの意味が「もてなす」であるように、不特定多数の視聴者を対象とするテレビというメディアは、誰もが理解できて楽しめるという要素がなければ成立しない。

ニュースに優劣はない。選挙結果もニュースなら、最新ヒット曲もニュースだ。だから新しいニュース番組には、ゲストに自民党の幹事長も呼べば、来日中のハリウッドスターも呼ぶ。それは『ザ・ベストテン』『TVスクランブル』から変わらぬ一貫した考えだった。

電通の快挙と暴挙

僕たちが常に意識していたのは、当時、報道番組の王座に君臨していたNHKの『ニュースセンター9時』(以下『NC9』)だった。といっても、その裏に位置取って真っ向勝負を挑むのは無謀極まりない。僕が思い描いていたのは、せいぜい午後11時から30分程度の番組だった。

ところが企画会議が進むうちに、月曜から金曜の平日プライムタイム(午後7時～

午後11時）に1時間ほどの帯番組を設けるという構想に膨らんでいった。

　これがいかにとんでもない発想か。まず、当時は「ニュースで視聴率は取れない」のは業界の常識だった。いや、そもそもニュースで視聴率を取るという発想がなかった。民放のニュース番組はプロデューサーやディレクターがいてコンテンツを制作するという意味での「番組」ですらなかったのだ。

　ところが、この大胆にして無謀な構想にまず乗ったのが電通だった。一般には知られていないが、『ニュースステーション』の誕生には、電通という世界最大手の広告代理店が果たした役割が決定的に大きい。

　とはいえ、番組成立に至るまでのプロセスや交渉の舞台裏について僕は当事者ではなく、関係者の話や各種資料によって断片的に知っているに過ぎない。だから以下の記述もそれに拠ることになる。

　1980年代半ばの日本経済は、対米輸出の急増によって世界最大の貿易黒字国としての地位を確立していた。カネ余りが進んでバブル経済に向かって突き進んでいた時期だ。とくに『ニュースステーション』が始まった1985年は、日本にバブル景気をもたらしたとされる「プラザ合意」があった年だった。

　低成長と経済の水膨れを背景に、テレビ界は「爛熟」や「飽和状態」といった言い方で行き詰まりが指摘されていた。ホームドラマに代わってバラエティーや2時間ドラマが定着しつつあったものの、内容はマンネリ気味。常に新しい番組を求めるスポンサーの声を受けて、電通もまた市場を活性化する大型企画を求めていた。

技術的には衛星放送によって国際的なビッグニュースをリアルタイムで目にすることができる時代を迎え、さらに生中継も可能な小型ビデオカメラなどの活用によって、ニュースの可能性は飛躍的に広がっていた。

それと歩調を合わせるようにして、80年代半ばはロス疑惑やグリコ・森永事件、イラン・イラク戦争、ダイアナ妃ブームなど、大事件、大事故、ビッグイベントが相次ぎ、テレビ局では報道重視の傾向が加速していた。

事実、1974年に始まったNHKの『NC9』は、記者出身の木村太郎(きむらたろう)さんをキャスターにして最盛期を迎えていた。84年10月スタートのフジテレビ『FNNスーパータイム』は面白くてわかりやすいニュースを掲げ、TBSは同時期、夕方の『JNNニュースコープ』を午後7時20分まで延長して「民放初のニュースのゴールデン進出」と騒がれた。

この時期、「楽しくなければテレビじゃない」というキャッチフレーズを掲げたフジテレビの「軽チャー」路線に象徴されるように、テレビ全体の娯楽化が進んでいた。

電通ラジオ・テレビ局の桂田光喜(かつらだてるよし)局長は、『NC9』の躍進に刺激を受け、民放でもプライムタイムにNHKとは異なる大型の報道番組をつくれないかと考えていた。

しかし、プライムタイムといえば、各局ともドル箱の時間帯だ。ここで視聴率を稼げなければコマーシャル収入が望めず、商売にならない。当時のプライムタイムはドラマやバラエティーなどの娯楽番組で占められ、視聴率は15％前後をキープしていた。それらを全部終了させて、1時間の報道番組を帯でぶち抜くなど常識では考えられなかった。

単発の特番で電通が枠を買い切ったのちスポンサーを探すことはあっても、プライムタイムの帯番組を、ほぼ買い切ることなど前代未聞。電通が一つひとつの番組スポンサーを説得して、その時間帯の番組を終わらせたうえ、新たに数十社のスポンサーを集めなければならない。埋まらない場合は電通が買い取ることを覚悟する必要がある。失敗すれば何人の首が飛ぶかわからない。

『ニュースステーション』というと僕の名前ばかりが表に出てきてしまうが、実は電通の快挙であり暴挙でもあったのだ。

テレビ朝日が社運を賭けた

電通の支持を取り付けて、ＯＴＯの海老名俊則さんは企画書を持って在京キー局を回った。最初に企画を持ち込んだのは、僕の古巣のＴＢＳだった。理由を聞くと「それは礼儀です」。放送メディアといっても動かしているのは人間だ。仁義と礼節は欠いてはならないという。

ほどなくしてTBSからは断られた。報道は放送局にとって、いわば「不可侵の領域」。なかでもTBSは、NHKと並ぶ全国ネットワーク「JNN」を有し、「報道のTBS」と呼ばれる民放の雄だ。

それまでのニュースキャスターといえば、たとえば元共同通信社記者の田英夫さんや、NHK記者の磯村尚徳さん。いずれも取材経験を有した報道畑出身だ。TBSのアナウンサーからフリーとなった僕が報道番組を仕切る企画など、問題外だったに違いない。

在京キー局のなかで、もっとも敏感に反応したのがテレビ朝日だった。テレビ朝日は東京・六本木のアークヒルズへの本社移転に伴って、最新鋭の放送設備を備えたテレビスタジオを新設する予定があり、その開設を記念する大型の目玉企画を模索していた。

テレビ朝日の報道局の歴史は浅い。1959年に前身の日本教育テレビ（NET）が開局し、テレビ朝日になったのが77年。ニュース制作については78年まで朝日テレビニュースが担当し、NET報道部は小規模な組織として推移していた。

「木島則夫モーニングショー」「桂小金治アフタヌーンショー」といったワイドショー

の開拓でネットワークを広げてきたテレビ朝日にとって、司会者のキャラクターを中心に据えた生放送の情報番組はもともと得意な分野だった。

そのワイドショーのチーフ・プロデューサーを務めたのが小田久栄門（おだきゅうえもん）さんであり、報道強化路線の牽引役として知られていた。

当時、情報・報道番組は局内で主流からはずれ、「プライドが高く金ばかり食う」と白い眼で見られていた。小田さん自身、NHKやTBSの報道に感じる「上から目線」に以前から反発を覚えていた。自社の報道局における視聴者不在の報道姿勢にも疑問を抱き、報道番組改革の必要性を痛感していた。

アメリカのアトランタに80年に開局したケーブルテレビ向けのニュース専門局「CNN」を視察した小田さんは、24時間絶え間なく流れるニュース映像を見て、「ニュースの時代」の到来を確信する。

日本で初めてCNNと契約したテレビ朝日は、国際ニュースの生映像をいつでも入手できるという絶好の環境にあった。このCNNとの契約で入手できた国際ニュースの生映像が、のちに『ニュースステーション』で絶大な威力を発揮することになる。

ただし、後発局のテレビ朝日には当時、系列のローカル局が少なかった。日本テレビの29局ネット、TBSの25局ネットに対して、テレビ朝日は12局ネット。これでは事件・事故が起こっても初動取材が立ち遅れ、日本国内の取材網という点では不安が残る。

しかし、僕はむしろこのことを前向きにとらえていた。テレビ朝日のネット局は札幌、仙台、首都圏、名古屋、大阪、瀬戸内地方、福岡といった都市部に限られる。となれば、NHKのように全国津々浦々に配慮した全方位の報道ではなく、都市生活者に向けたニュース番組をつくることができる。

いくつかの偶然が重なって、新しいニュース番組の企画はテレビ朝日が手掛けることになる。正式に決まったときには、放送開始まで1年を切っていた。

『ニュースステーション』は、広告代理店（電通）、放送局（テレビ朝日）、制作会社（OTO）という三者の方向性が一致した結果生まれたプロジェクトだった。それぞれのキーマンのうち一人でも欠けていたら、番組は生まれていなかっただろう。

三つのタブーを侵す

ところが、新しいニュース番組の立ち上げは、テレビ朝日社内で非難と反発の声を浴び、猛烈な逆風にさらされた。新しいニュース番組は、テレビ局に厳然とあった三つのタブーを侵していたからだ。

第一に、テレビ局の中でも最も神聖にして侵すべからざる報道という分野に、外部の番組制作会社が初めて参入すること。

第二に、娯楽番組で視聴率を稼いでいたプライムタイムの帯に、視聴率が望めない大型のニュース番組を投入すること。

第三に、キャスターに記者やジャーナリスト出身者ではなく、報道現場をまったく知らない、他局のアナウンサー出身のタレントを起用すること。

これらのタブーを侵してこの企画を実現させたのは、テレビ朝日の田代喜久雄（たしろきくお）社長の英断だった。「報道はテレビの本道です」という小田さんの訴えに田代さんは応じた。

「要はその久米宏で報道番組をやれということだな。わかった。私はテレビは素人だ。失敗すれば、私が責任を取ってやめればいい。思い切りやってくれ」

幸いなことに田代社長は朝日新聞社会部出身であり、報道重視の方針は期するところだった。そして当時、テレビ朝日の平均視聴率全般が他局の後塵（こうじん）を拝していたという危機感も事態を前に動かしたのではないか。新スタジオ開設とともにテレビ朝日のイメージを一新し、起死回生の大型企画とする狙いがあったように思う。

テレビ朝日は小田さんを特別チームのリーダーとして、新番組スタートに向かって動き出した。制作スタッフには社内の有能な人材が集められた。新番組に向けた人事異動は社内で「赤紙」と呼ばれ、トップダウン方式で召し上げられた。

番組の総括責任者は小田さん、チーフ・プロデューサーはテレビ朝日の早河洋（はやかわひろし）さん。

OTO側のプロデューサーは『TVスクランブル』でも組んだ高村裕さんだった。

当初は1時間番組の構想だった。しかしそれでは採算がとれないため、1時間15分に延長するよう電通側から申し入れがあった。いくらなんでも、それでは体力、気力が持たない。しかし時間延長はそれだけ番組にお金をかけることができるということを意味してもいる。いったんは押し返したものの、最終的に受け入れることにした。

当時の電通ラジオ・テレビ局のテレビ業務推進部は、企画開発段階から特別チームを編成し、視聴者動向のマーケティングや視聴率シミュレーションを実施。NHK『NC9』のニュース項目を1週間にわたって分析するなどして基本構想をまとめていった。

電通の営業戦略会議、テレビ朝日の新スタジオ開設に伴う番組会議、そしてOTOの企画会議。番組始動に向けて、3カ所で別々の会議が同時並行的に進められていった。

すべての生番組を降板

僕はといえば、新番組に備えて1985年3月いっぱいで、ラジオの生番組『土曜ワイドラジオTOKYO』、テレビの『ザ・ベストテン』を降板することにした。生の帯番組を持ちながら、毎日の生のニュース番組と両立させることなど到底不可能だ。

同時に僕自身、自分の立ち位置に違和感を覚えるようになっていた。『ぴったしカン・カン』や『ザ・ベストテン』が大ヒットしたときは、テレビ番組で初の成功体験だっただけに誇らしくもあり、いい気分だった。

しかし、それが本来自分の望んでいたことかと冷静に自問すると、どうもそうではない。40代に入ったという年齢が関係していたのかもしれない。自分が芸能人扱いされることにも抵抗を感じていた。

もちろん、テレビの出演者は全員芸能人だという見方は否定できない。エンターテインメントが基本のテレビには、その側面がある。しかし新番組に向けて、それまで自分にまとわりついていたイメージを一度払拭したかった。

番組降板は捨て身の決断であり、危険な冒険だった。明日の生活を保障されていないフリーの身分で、高視聴率をキープしている番組を降りるなど血迷ったと思われても仕方ない。けれども僕の性分なのだろう、イチかバチかの賭けに出たいという衝動に駆られてもいた。

そして何よりも報道番組の司会は、この仕事に就いたときから胸の奥に眠っていた僕の夢だったのだ。

レギュラー番組のうち『おしゃれ』の司会だけは降板せずに続けることにした。０

TO制作の収録番組だったため、スケジュール調整が可能だったからだ。新番組が成功するとは限らない。「最低限の生活保障」というOTO側の配慮もあったと思う。そして僕自身、カメラの前でしゃべる時間をどこかで確保しておかなければテレビ人としての勘が狂うのではないか、という不安もあった。

黒柳さんの説得にも抗し

つらかったのは、新番組の正式発表までは事実を絶対に口外してはならないという緘口令(かんこうれい)が敷かれたことだった。85年に入って降板の交渉に入ったが、当然、関係者には大きな迷惑をかけることになった。

なかでも絶好調だった『ザ・ベストテン』の降板はかなりもめた。確かに常識的に考えれば、非常識きわまりない行動だ。「それは久米さんのためにはならないし、生涯悔いが残るよ」という慰留に努めた番組側の言い分も十分に理解できる。

とくにスタート時から二人三脚で続けてきた黒柳徹子さんになんのことわりもないまま降板を申し入れることになったのは心苦しかった。

寝耳に水の黒柳さんとプロデューサーの山田修爾(やまだしゅうじ)さんに、赤坂の喫茶店で問いただされた。山田さんは僕がTBSにいた時代の後輩アナウンサーだっただけに、元先輩のわがままに困った立場に立たされていたと思う。黒柳さんからは単刀直入に尋ねられた。

「どうしてやめるの？」

「この時期に、いったんゼロ地点に立ち戻って、一から人生を考え直したいと思います」

「どうして考え直す必要があるの？」

「同じローテーションを繰り返していると、見えなくなっているもの、失っているものもあります。このままでは僕は天狗になってしまうと思うんです」

「……どうせお休みになるのなら、アメリカに行って政治や経済の勉強をなさったら？」

そして、黒柳さんから自宅に呼びだされた。出演者のお宅にお邪魔したのは、後にも先にもこのときだけだ。

そのときのことは今も覚えている。黒柳さんが趣味で集めている世界中のペーパーウエイトが並ぶ広い部屋。それらを隅によせて絨毯の上に一対一で向かい合った。番組開始から7年。あんなことがあった、こんなことがあったという思い出話を挟みながら、朝まで押し問答を続けた。

事実を伝えようかとのどまで出かかったが、必死にのみ込んだ。最後は黒柳さんが根負けするかたちだった。ほかの番組も降板したので、よっぽどのことだと受け取ってくださったのだろう。結局、『ザ・ベストテン』の降板は4月にまで延長された。『ニュースステーション』が始まってからずっと気に病んでいたのは、失敗したら大変な迷惑をかけた黒柳さんに顔向けができないということだった。

黒柳さんに理解してもらえたように思えたのは、始まって一年と少し経ち番組が軌道に乗った86年末。ユニセフ親善大使の彼女に、クリスマスシーズンのユニセフカード紹介のため、『ニュースステーション』に出演していただいたのだ。成功を心から喜んでくださったことが何にもましてうれしかった。そして重荷を一つ下ろしたように感じた。

富良野塾で穴掘りの日々

番組が始まる10月までは休養期間としてリフレッシュを図ることにした。『ザ・ベストテン』が4月いっぱい続き、ゴールデンウィークに入ってまず訪れたのは、北海道・富良野にお住まいの脚本家、倉本聰さんのもとだった。

倉本さんが主宰する脚本家と俳優を育てる「富良野塾」が前年に開塾したばかりだった。僕としては新番組のキャスティングについて、ぜひご相談したかった。ドラマづくりの中に何らかのヒントがあるのではないかと思ったのだ。

富良野の街はドラマ『北の国から』のヒットに沸き、駅前に立つと例のテーマ曲「あ〜あ〜」が大音量で流れていた。市街から20キロほど離れた谷あいにある富良野塾では、新たな丸太小屋建設のまっただ中だった。

初夏の富良野で数日間、思い切り羽を伸ばそうと思っていたのだが、翌日からシャベルで穴を掘ったり土を運んだりの重労働の日々を送ることになった。

そのときに僕と組んで穴を掘っていたのが、小説『しんせかい』で２０１６年下半期の芥川賞を受賞した山下澄人（やましたすみと）さんだった。僕はすっかり忘れていたが、受賞後、ラジオの番組に出演して頂いた際、ご本人から伺って驚いた。彼は入塾したての2期生。僕は穴を掘りながら、ずっとしゃべっていたそうだ。

夜には倉本さんの講義があったが、昼間の疲れで睡魔との闘いだった。僕も20人ほどの塾生を前にテレビについて何かしゃべらされたが、話しながら無性に眠かったことだけを覚えている。聞いているほうは僕以上に眠かったはずだ。

最終日に倉本さんのご自宅に呼ばれ、暖炉の前でお酒を頂きながら話を伺ったが、やはり眠くてほとんど中身を覚えていない。一つだけ覚えているのは、

「人間には陽と陰の人がいて、ドラマの出演者を決める場合、主役級は半分以上が陽でなければならない」

ということだった。その教えはその後、番組のキャスティングの際に役立つことになる。

土木作業は想定外だったが、富良野の夜空は異様に美しかった。天空を埋め尽くすように星々が瞬き、手を伸ばせば届きそうだった。生き返った気分だった。

東京に戻り、倉本さんからは人づてに「久米君はよくがんばったよ」というお褒めの言葉を頂いた。それからは折に触れて富良野詣でをすることになる。

夏には夫婦で東南アジアを旅行した。戦後、欧米一辺倒だった日本人はアジアをまともに見てこなかった。僕も戦争中に日本軍がアジアでしたことを考えると、その地を訪れるのは気が重かった。マレーシア、シンガポール、韓国、中国。『おしゃれ』のまとめ撮りのため帰国と渡航を繰り返した。

最後に訪れた中国では、特別番組のロケハンのため山西省(さんせいしょう)の太原(たいげん)を訪ねた。石窟に彫り込まれた仏像の頭を日中戦争の際、日本軍が切り出して持ち帰ったとされる山を登った。通訳と称する中国人の指示通りに撮影したVTRは、しかし帰国直前にすべて当局に没収された。

旅も終わりかけの8月12日、日航機が御巣鷹山(おすたかやま)に墜落したことを中国で知り、僕たちは急遽帰国の途に就いた。

スーツ集団と短パン集団

『ニュースステーション』の開始についてはスポーツ紙がいち早くすっぱ抜き、テレビ朝日は7月29日、僕も同席のうえ正式に記者発表した。テレビ朝日とはとりあえず2年の契約だった。契約金は2億円とも4億円とも報じられたが、僕の希望で純粋な出演料だけになった。

あっという間に番組開始まで2カ月に迫り、テレビ朝日はリアルタイムの「番組シミュレーション」を実施した。ところが、これが目を覆うばかりの惨状だった。ニュースとバラエティーが無秩序に混ざって、番組の体をなしていない。そのとき、アナウンサーの小宮悦子（こみやえつこ）さんに出会ったことが唯一の収穫だった。

「ニュース番組をつくる」とはどういうことか。

それまでの昼前・夕方・夜11時からのニュース番組は、報道局の記者が書いた事件・事故の原稿をアナウンサーが読むだけだ。そこに番組をトータルに見て演出するという発想はない。当然、平日の午後10時から1時間以上の番組を、制作経験のない報道局だけではつくることができない。だから、テレビ朝日制作局とOTOという制作会社の合体チームが、テレビ朝日の報道局と協力して番組をつくり上げていこうというのだ。

テレビ朝日とOTOが別々に進めている会議に加え、番組開始が迫ると、各チームが合流した全体会議が並行して始まった。番組シミュレーションをしてから僕はすべての会議に参加していたが、これがまた大もめだった。

報道局の記者・デスクたちは、制作会社の人間とは口を利いたこともない、いわばエリート集団だ。対するOTOのディレクターや放送作家たちは、報道のことなどまったく知らない雑草軍団だ。

全体会議は、報道局のスーツ姿が並ぶ会議室に、短パン、Tシャツ、ゴム草履姿の連中が乗り込んで対峙するかたちとなった。

「報道局の人たちはスーツなんだから、こちらもそれなりのきちんとした格好で臨むように」

海老名さんがOTOスタッフに申し渡すと、

「服装なんてどうでもいいじゃないですか。問題は仕事の中身でしょう」

そこから始めなければならなかった。最初は言い合いばかりで、話がまったくかみ合わない。報道局側は事実を正確に伝えるという正統的なニュース報道のあり方にこだわり、派手な演出や目新しい工夫を嫌った。OTO側は、ニュースをいかにわかりやすく面白く見せるかに重点を置き、セットやスタジオ演出に気を配る。そのズレは容易には解消しなかった。

そこに加えて番組のメインを張るのは、歌番組の司会をしていたアナウンサー出身のタレント、すなわち僕だ。報道を知らない連中と1時間以上のニュース番組を生で放送するなど、報道局側には相当の抵抗と葛藤、不安と恐怖があったことは想像に難くない。

3Kトリオと公募キャスター

『ニュースステーション』は失敗する、というのが業界全体の一致した見立てだった。その根拠の一つは午後10時という番組の開始時刻にあった。

放送業界には「人は偶数時にリラックスし、奇数時には緊張する」という魔訶不思議な定説があった。偶数時は報道番組のような硬派の番組ではなく、娯楽番組でなければ当たらない、というのだ。

確かにNHKのニュースの開始時刻は、午後5時、7時、9時、11時と奇数になっている。僕もその定説を半ば信じていたのだが、考えてみればそれはNHKが何十年もかかってつくった番組編成上の習慣であり、視聴者も単にその時間帯に報道番組を見てきただけにすぎない。実際、『ニュースステーション』が軌道に乗ってからは午後10時からニュースを見る習慣が定着したことがそれを証明している。

もちろん、番組開始に当たって当事者たる僕たちにも勝算があったわけではない。失敗する理由はいくらでも見つかるが、成功する要因が見つからない。唯一の拠りどころは、テレビというメディアが生のニュースに合っているということだけだ。なにしろすべてが未経験だ。僕たちにあったのは、とにかくできる限りのことをするという闇雲な意気込みだけだった。

このころ番組では、小宮悦子さんに加え、コメンテーターとして朝日新聞編集委員の小林一喜（こばやしかずよし）さんの出演が決定した。キャスターのほかにコメンテーターという存在を配した『ニュースステーション』の試みは、以後の報道・情報番組で定着することになる。

当初、小宮さんは生ニュースを読むANN報道センターにいた。Nスタジオで僕の隣に座って久米、小林、小宮の「3Kトリオ」の顔ぶれが定着するのは、番組が始まって半年後の86年4月からだった。

番組には放送作家が3人参加し、全スタッフはOTOスタッフ約30人を含む80人余り。民放のニュース番組としては空前の数字だった。大人数のスタッフたちを前にすると、自分の肩にかかる責任の重さをあらためて痛感した。

番組の目玉の一つが一般公募のキャスターだった。公募は全国紙の全面広告で発表めて驚いた。

された。旅先の金沢のホテルでそれを見たときは「ああ、本当にやるんだ」とあらた

　5762人の中からオーディションによって、東京銀行調査役・審議役から47歳で転じた若林正人（わかばやしまさと）さんや元テレビ静岡アナウンサーの橋谷能理子（はしたにのりこ）さん、後に作家に転じる松本侑子（まつもとゆうこ）さんら10人が、キャスターやリポーターに選ばれた。

　確かに番組PRには効果が期待できる新鮮さはあったが、僕は必ずしも賛成ではなかった。採用には責任が伴う。職をなげうって新しい仕事に臨んでも、そのまま生き残ることができるような業界ではない。実際、番組が報道中心の構成にシフトする中で、彼らのほとんどが番組から姿を消すことになる。

初日から低迷する視聴率

『ニュースステーション』がスタートする前に、僕はテレビ朝日の幹部から一定の視聴率を取るよう求められていた。当時の午後10時台の平均視聴率が14％前後。

「平均視聴率で15％はほしいですね」

「それは無理です」

「じゃあ、どれくらいならば？」

「うーん、12%くらいでしょうか」

視聴率を取るためにはある程度娯楽的な要素が必要だが、本来、ニュースと娯楽は相いれない。視聴者におもねるかたちで娯楽性を追えば、ニュース番組本来の使命を失う恐れもある。僕としては二ケタに届けば十分だと思っていた。

ところが、プロローグで記したように「鮭報道」に象徴される初日は失敗に次ぐ失敗。視聴率は9・1%と二ケタにも届かなかった。

この数字の意味は、今とは違う。当時、プライムタイムの番組なら最低でも12～13%は取らなければならない。しかし、僕としては「あんな内容でも100人のうち10人近くが見てくれたのか」と逆に驚いた。

番組は月曜日に始まったが、その週も翌週も何をどんなふうに放送したか、まったく覚えていない。出演者もスタッフも懸命に動いてはいるが、現場でそれぞれ何をすべきか把握しておらず、空回りするばかり。すべて見切り発車の中での混乱だった。

その後の視聴率も一ケタ台に終始し、5%を切る日もあるほどの低迷ぶりだった。

そもそも番組スタッフの間で意思疎通がうまく図られていなかった。終了後は反省会を連日、深夜2時ごろまで続けていたが、僕はしばらくその存在すら知らされておらず、一人さっさと帰宅していた。

「すみません、なぜ久米さんだけ反省会に出ないんだと、みんな言っているんですけど」

　1週間ほどしてスタッフに告げられ、初めて知った。よく言えば気を遣ったのだろうし、悪く言えばよそ者扱いだった。

　反省会では小田さんが大声を張り上げ、スタッフたちを叱り飛ばした。「カメラワークがなっていない」「カメラの切り替えがひどい」「原稿は決まり文句ばかりで新しさがない」

　報道局とOTO組の反目も相変わらずくすぶっていた。報道局にしてみれば、「ニュースのことを何も知らずに勝手なことばかり言うな」。OTO組にすれば「なぜ原稿をもっとわかりやすく書けないのか」。

　僕も発破をかけた。

「ニュース番組にも演出はいる。取材もカメラも、ほかと同じ視線ではダメだ。たとえば事件現場にカメラが駆けつけたら、ほかと同じ現場を撮っても意味がない。みんながカメラを向けている反対側を撮ったらどうか」

　繰り返し言ったのは「裏番組をちゃんと見たことがあるか」「街に出て歩いているか」。スタッフたちは自分が担当する特集にどっぷり浸かり、それ以外のことが考えられなくなっていた。世間でいま何がはやっているか、裏番組で何を放送しているのかすら知らない。それでは視聴者を惹きつける番組をつくることができるはずがない。

スタッフたちは連日連夜、激しい討論（ときに殴り合いのケンカ）を続け、明るくなるまで酒場で憂さを晴らしながら活路を求めた。僕は小田さんと毎週金曜、番組のあり方、問題点について、やはり未明まで話し込んだ。

心労による円形脱毛症

「良質な番組をつくれば成功」という主張は、つくり手側の自己満足にすぎない。結局、視聴率という明確な数字を取れなければ、番組は「失敗」の烙印を押されて幕引きとなる。スポンサーに見放されて打ち切られる番組は今も珍しくない。

情報・報道番組はドラマやバラエティーと異なり、視聴習慣がつくまで時間がかかる。通常、1年は様子を見る。まして電通とテレビ朝日が総力を挙げて始めた番組だけに、そう簡単には撤退できない状況だった。

当時の番組サイクルは今よりもゆっくり回っていたが、それでも一ケタの視聴率が3カ月続けば焦りは募った。僕は「これでは続いて6カ月、何とか持っても1年か1年半」と覚悟した。いつのまにか、テレビ局の廊下の端をうつむいて歩くようになっていた。

とにかく初めての経験だったので、心身ともに驚くほど疲れた。さらに一般公募の人たちは人生を賭けて参加していただけに、その責任を思うと全身にプレッシャーがのしかかった。

とはいえ、現実的には先のことを心配するいとまなど一切なく、まず今夜の番組をどうするかで日々手いっぱいだった。深刻に思い悩んで不安にさいなまれる余裕すらなかったことに、かえって僕は救われた。

周りの反応を見ていると、番組の失敗をどこかで期待しているようだった。視聴者もバラエティーの久米宏がニュース番組に挑むことを傍観しつつ、どこかでコケることを待っている空気を僕は肌で感じた。そして期待通りの結果に「だから言わんこっちゃない」という声が聞こえてくるようだった。

スタッフたちはくたびれ果てていた。フリーの僕はこれで今後の仕事が絶たれるかもしれない。

妻は心労がたたって、生まれて初めて円形脱毛症を患った。髪の分け目が少し広がった状態から、みるみる直径1・5センチの真ん丸に。驚いて鍼治療に通い始めた。しばらくは当該部分をマジックで黒く塗りつぶさなければならなかった。彼女が円形脱毛症になったのは、後にも先にもこのときだけだった。

せっぱ詰まってのお祓い

「すぐ久米さんにお祓いを受けさせて」

長年の友人から妻に電話がかかってきたのは、番組がまだどん底を這いずり回っているころだった。その声は真剣そのものだ。

聞けば、その友人の信頼する人物が『ニュースステーション』を見ていたら、「久米さんの足元から霊が立ちのぼっているのが見える」と言う。

放送センターが立つアークヒルズは、もともと墓地だったのに、しかるべきお祓いをせずにビルを建てた。その手の霊は普通、会社の「いちばん偉い人」に取り憑く。テレビ朝日なら社長に憑くところが、なぜか久米さんに取り憑いている。早急にお祓いをしなければ、取り返しのつかないことになる――。

妻は戸惑って答えた。

「でも、そういうの、久米も私も信じてないし……」

「お祓いは絶対受けるべき。いい人がいるから、そこは任せて」

僕はもともとこの種のことは本気にしない。しかし、このときは藁をもつかむ思いで、生まれて初めてお祓いを受けることにした。

その人物がどんな格好をして現れるのかと思ったら、週末の午後、自宅に来たのは白いセーターに紫色のスカートをはいた普通のおばさんだった。

彼女はまず僕を床に座らせた。それから僕の背後に回って裂帛（れっぱく）の気合を入れた。

「ええーいっ！　ええーいっ！」

そのうち今度は床の上に寝かせられ、体の周りに盛り塩とお酒を置いて、

「ええーいっ！　ええーいっ！」

これが延々と続いた。自由が丘の閑静な住宅街。奇声は近所や通行人に丸聞こえで、客観的には相当あやしい状況だ。背中がかなり痛かった。

1時間ほどしてようやく終わると、塩とお酒を混ぜたお清めをベッドの下に2週間ほど置くよう指示され、前もって用意するよう言われていた日本酒を玄関先などにドボドボまいた。てっきり飲むのだと思って高価なお酒を買ったのに。

最後に彼女はこう告げた。

「番組の視聴率は2月まで上がりません。2月以降に上がります。それから久米様のお母さまは、あと4年はお健やかでおられます」

あくまで真剣。淡々とお祓いして、淡々とわが家を後にした。僕はなぜか「効いた」という感じがした。このお祓いのことを思い出すと、当時いかに自分がせっぱ詰まった状況にあったかがよくわかる。

そして、彼女の予言はピタリと当たることになる。

チャレンジャー事故報道で転機

１９８５年は、プラザ合意のほか、三菱南大夕張炭鉱事故、豊田商事会長刺殺事件、日航ジャンボ機墜落事故、阪神タイガース初の日本一、ＮＴＴ・ＪＴ発足、つくば科学万博開催と大きなニュースが目白押しだった。

しかし、『ニュースステーション』の視聴率は二ケタの日もたまにあったものの、年内は低調のまま過ぎた。それが一つの転機を迎えたのは、年が明けてまもなくだった。

86年1月28日、米国のスペースシャトル「チャレンジャー号」の爆発事故が起きた。事故は世界中の人々がテレビで見守る中、チャレンジャー号が打ち上げ後73秒で爆発炎上し、民間人初の女性教師を含む7人の乗組員全員が死亡するという宇宙開発史上最悪の大惨事となった。

この事故を打ち上げから爆発の瞬間まで一部始終を全米に生中継していたのは、アメリカのＣＮＮだけだった。ＣＮＮと独占契約しているテレビ朝日には、現場からリアルタイムで迫真の映像が送られてきていた。

乗船する飛行士の笑顔からカウントダウン、点火、上昇、歓声、大爆発、悲鳴、海に落下する破片……。亡くなった乗組員には日系二世の男性が含まれていた。ハワイで生まれ育ち、小学生時代から宇宙飛行を夢見ていたという。事故は科学技術の急速な発展の末に起きた悲劇だった。

『ニュースステーション』は現場からの映像を最大限に活用して、刻一刻と変転する事故のプロセスを伝えた。スタジオにチャレンジャー号の模型を持ち込んで、専門家に機体の構造や爆発原因の解説をしてもらった。

ＣＮＮの映像とともにテレビ朝日の総力を挙げた番組で、民放他局はもちろん、国内外で圧倒的な取材力を誇るＮＨＫの報道までが色あせて見えた。当日の視聴率は過去最高の14・6％、関西は21・0％を記録した。

だが正直に言うと、僕は「ＣＮＮはすごい映像を持っているな」と感嘆したものの、このニュースが視聴率に結びつくとは考えもしなかった。僕はテレビにとっていかに映像が大切かを再確認することになった。

『ニュースステーション』は、ここに至って初めてその存在感を示した。僕たちはやっと一つの方向性を見いだした思いだった。

奇跡のフィリピン革命放送

番組にはずみがついたもう一つのニュースは、1986年2月25日にフィリピンで起こった市民革命（フィリピン2月革命）だった。

マルコス大統領の長期独裁が続いていたフィリピンで、民衆が強く支持していたベニグノ・アキノ氏の空港での暗殺から政変は始まった。83年、「反マルコス」を掲げて亡命先から帰国したアキノ氏は、飛行機を降りた直後に滑走路で射殺されたのだ。これを機に民衆が一斉蜂起して、反マルコスデモが噴出した。

86年2月の大統領選挙を期に軍部はクーデターを起こし、重武装部隊が国防省を占拠する。マルコス大統領の退陣を求め、選挙で当選したアキノ夫人を大統領とする臨時政府樹立が発表された。マルコス大統領も非常事態宣言を発令。マニラ市内各地で政府軍と反マルコス軍が衝突し、大統領の宮殿「マラカニアン宮殿」に民衆は詰めかけた。

市民革命は日を追って熱を帯び、2月25日はその山場を迎えようとしていた。僕たちも予想していない急展開だった。

夜に入って、NHKの『NC9』が激動するフィリピン情勢を伝え続けた。午後9

時20分ごろ、「マルコス、亡命を決意し国外脱出か」という一報が入った瞬間、僕はしめた！と思った。『ＮＣ９』を見ていた視聴者はこちらに来る。

フィリピンと日本はほとんど時差がない。午後10時、アキノ夫人が大統領就任を宣誓した。『ＮＣ９』は午後10時まで放送時間を延長したものの、尻切れとんぼに終わった。

『ニュースステーション』はマルコス政権の崩壊、アキノ新政権のスタートを予測して、30分間の延長を決定し、このニュースだけを伝えることにした。マルコスがマラカニアン宮殿から家族や側近を伴ってクラーク空軍基地へヘリで向かい、まもなく国を脱出する、という情報が入る。

ところが、衛星放送回線は海外メディアに押さえられて使えない。現地からの最新映像が入ってこないという苦しい状況で番組は始まった。とりあえず日本国内からは外務省など4カ所、アメリカのワシントン、ニューヨークの2カ所から多元中継を実施した。現場の模型やフィリピン全土の地図を示しながら、各現場から刻々と入る情報を逐次伝えることに徹した。

現地には、リポーターとして派遣された安藤優子（あんどうゆうこ）さんがいた。安藤さんは宮殿になだれ込む市民や威嚇射撃をする兵士など、騒然とする現地の生々しい様子を国際電話で伝えてくる。これが番組を躍動させた。

実はここにはからくりがあった。安藤さんが陣取っていたのは、アメリカのNBCが使っているスタジオの片隅だった。フィリピン全土に取材班を配したNBCには、さまざまな生情報が入って来る。英語が堪能な安藤さんは、NBCに入って来る情報に耳を傾け、その情報を逐一電話で送り込んできたのだ。

自社でウラを取っていない未確認情報だが、事態は急を要している。結果的にそれは非常に正確であり、NHKも伝えていない貴重な情報でもあった。

問題は政権交代の見極めだった。交代した時点でアキノ、マルコス両氏の呼び方が、それぞれ「大統領」「前大統領」と変わる。番組の終了時刻が迫っていた。僕は隣の小林さんに聞いた。

「まだアキノ大統領と言っちゃまずいんですかね、小林さん」

「いや、もう少し様子を見ようということなんだろうと思いますね」

そのとき、ニューヨーク支局が「マルコス大統領がクラーク空軍基地に向かっていることをアメリカ国務省が確認した」というABCの報道を伝えてきた。よし、こうなったら、と僕は思いきって口にした。

「もうこれは私の責任で、アキノ大統領ということで行きたいと思います。ほかの番組で呼んでいなくてもかまいません。当番組ではアキノ大統領と呼びたいと思います」

番組が終了する1分30秒前にCNNの衛星放送に切り替えると、アメリカのシュル

『ニュースステーション』初代解説委員、小林一喜さんと（写真提供：テレビ朝日）

ツ国務長官が会見をしていた。長官は番組終了の15秒前にアキノ大統領承認の声明を公表した。独裁政権はついに崩壊し、アキノ新政権が誕生した。僕は秒針を見つめながら、締めの言葉を言った。

「アメリカ政府はマルコス政権の終焉を認めております。マルコス政権の崩壊を今日はお伝えいたしました。また明日」

タイムアップ。

生の映像の力

マルコス大統領のフィリピン脱出からアキノ新政権の誕生まで、『ニュースステーション』は番組の終了寸前までに伝え、フィリピン革命劇のクライマックスを刻一刻とリアルタイムで見せた。同時に日比関係、マルコス政権の歴史、ベニグノ・アキノ暗殺事件、アキノ新大統領の横顔などを解説でわかりやすく伝えることができた。

革命劇が『ニュースステーション』の放送時間とぴったり一致したことや、安藤さん経由でNBCの最新情報が入るなどいくつかの幸運が重なり、この放送はほぼ完璧だった。アキノ新大統領の誕生を僕が表明した直後にシュルツ国務長官が追認したかたちになったのも気分がよかった。僕は現実と番組が同時進行するという報道番組の醍醐味を久々に全身で感じていた。

この日の視聴率は19・3％。番組全体で何かが吹っ切れた。チャレンジャー事故で確認した映像の力。そしてやっぱり事態の進行をリアルタイムで見せる生中継ほど迫力のあるものはない。

生で伝えるニュースは、誰にも次の展開が予想できない。目の前で刻々と変化している事態を、ニュースを伝える僕も見ているし、視聴者も見ている。それは、みんなが時間を共有するという、きわめて特別な体験だ。

マルコス政権が倒れた翌日、僕は革命のシンボルカラーだった黄色のバラを左胸のボタンホールに付けて出演した。これはニュース番組ではあり得ない。しかし日本人のほとんどがアキノ政権誕生を望んでいた。黄色のバラは、明らかにニュース番組から一歩踏み出していた。僕個人としてもアキノ新大統領への感謝の気持ちを伝えたかった。

この夜から番組は完全に低迷から脱し、視聴率は上昇気流に乗り始めた。以後、視聴率は二ケタ台に落ち着き始めるようになる。

チャレンジャー事故とフィリピン革命。『ニュースステーション』浮上のきっかけをつくった二つの海外ニュースは、テレビ報道の国際化、ハイテク化を象徴し、いずれもテレビ以外のメディアがまねのできない報道のかたちだった。

１９８６年は更にチェルノブイリ事故、ダイアナ妃来日、土井たか子社会党委員長誕生と、映像が威力を発揮する事件・事故、話題が相次いだ。

そして11月の三原山噴火。15日に最初の噴火が起こり、21日に火山弾が噴き上がる大規模な噴火が始まった。全島民への避難命令に次いで、島外への退避命令が出された。

夕方から、いつもの番組の休止や内容変更が続く中、午後9時からの特別番組に続き、『ニュースステーション』は2時間に枠を拡大し、現場の映像を伝えた。視聴率は関東21・4％、関西27・9％だった。

風俗を語るように政治を語れ

いくつかの成功体験を経て、僕たちはようやく番組を総括することができるようになる。

反省点の一つは「生真面目すぎた」ということだった。特集のテーマを見ても、炭鉱閉山や高齢者の自殺、あるいは教育、がん、防衛問題、生命……重厚で暗いテーマを真正面から取り上げていた。ニュースは正攻法でまじめに取り上げなくてはいけないという先入観が、僕を含めてスタッフに根強くあった。

軽いテーマ、明るいテーマにするとバカにされるのでは、という思いもあったのだろう。2、3カ月取材した特集VTRを何本も詰め込んだ日もあった。このいわば大艦巨砲主義を脱皮して、もっと軽くできないか。そんな声が上がった。

余裕が出てくると、物事を捉える視点が変わる。深刻な目つきで見つめれば真実が見いだせるわけではない、ということがわかってきた。

たとえば、自殺願望のある人が二人いたとする。一人は涙をボロボロ流しながら「死にたい。電車に飛び込み自殺したい」と訴えている。もう一人は「病気が治らないから死んじゃおうと思うんだよ」とカメラのほうを向いてニヤッと笑う。どちらが置かれた状況をよく表しているか。もしかしたら後者かもしれない。そんなふうに、ものの見方を転換する構えが出てきた。

僕が座右の銘としているジャーナリスト大宅壮一（おおやそういち）氏の言葉がある。

「風俗を語るときは政治的に語れ。政治を語るときは風俗を語るように語れ」

政治や経済を語るときに、難しい言葉を使い、眉根を寄せて話すのではなく、もっと気楽に構えなければ本質は伝わらない。それは番組が始まる前からスタッフに折に触れて伝えていたことだった。しかし僕自身、せっぱ詰まった状況で、この初心を忘れてしまっていたのだ。

午後10時に元気でいるように

番組の流れと体制を紹介すると、番組プロデューサーのもと、曜日ごとに総合デスクがいる。総合デスクの下にニュースデスク、スポーツデスクと分野別に担当デスクが付いて、当日のニュースとスポーツの構成を考える。

項目ごとにディレクターが配置され、VTRなどを編集する。ニュースの合間に入るVTRは3～5分、企画もので10分。スポーツは前日から予定が組めるものの、ニュースはその日、何が起きるかわからない。総合デスクはニュースデスクと二人で、午前9時の第1回の打ち合わせから、刻々と入ってくるニュースをにらみながら当日の構成を考える。

生ニュースの原稿は政治・経済・社会・外信各部の記者が書いた原稿を報道局デスクがチェックし、それをニュースデスク、総合デスクがチェックすると同時にその切り口を考える。高齢者による交通事故というニュースならば、高齢者の運転資格の現状や認知症のチェック体制などテーマを膨らませ、ディレクターに取材の指示を出す。テーマをどのように広げていくかがここでの勝負となる。

一方、僕の生活サイクルは——。午前11時までに起床して各局のニュースをチェックする。バブル時代は道路が異様に混んでいたので早目に愛車で家を出て、午後4時半までに局に入った。スタッフルームで熱いコーヒーを飲むと、壁に貼ってある前日の視聴率が目に入る。

そこで新聞や各局のニュースをチェックする。必ず確認したのが各地の天気だった。空模様によって視聴者の気分は変わる。東京以外の天気を頭に入れておかなければいけない。

社員食堂で夕食をとった後、午後7時から打ち合わせが始まる。当日の進行表の確認がメインだ。その日の「献立」が決まったところで、ディレクターがキューシート（タイムテーブル）を書く。特集のVTRのプレビューがあり、プロデューサーや僕が時に編集の変更やカットを指示する。

午後9時からは『NC9』を必ずチェックした。同じゲストが出演する場合、「先ほどNHKではこう話していましたよね」という質問をぶつけることもあるからだ。

番組が始まる15分前に控え室で着替えをする。

その間、デスクを通った原稿が五月雨式（さみだれしき）に僕のもとに届けられ、下読みと添削を始める。間に合わずに本番中に添削することもある。

番組が終わると、スタッフたちとお酒を飲んだりせずにまっすぐ帰宅する。1週間に一度は自分が話したことをチェックするため番組の録画を見た。資料に目を通しため、朝の3時、4時までは起きているが、7時間以上の睡眠をとるようにした。睡眠不足は生放送に一番良くない。反射神経が働かなくなるのだ。テレビの出演者は元気で快活でなければならない。くたびれて機嫌が悪い出演者を、視聴者は許してくれない。僕は毎日、目覚めた瞬間、「今日も午後10時に元気で平静でいられるように」と念じていた。

バブル景気の勢いに乗じて

番組の中身では、ストレートニュースの項目数を抑え、調査報道やルポ、企画特集、追跡取材を重視した。一つの事柄を深く掘りさげて報道することで、問題の本質をよりわかりやすく伝えるよう努めた。

硬派の企画のほか、肩の力の抜けた企画も数多く盛り込んだ。数ある特集の中で好評を得たのが「夜桜中継」だった。ニュースの合間にほっと一息つく時間を、という発想から生まれた企画だった。

それまでの花見中継は、本州での初開花や名勝の桜人気を伝えるニュースだった。しかし、この夜桜中継は映像と音楽を中心に理屈抜きで夜桜の美しさを味わってもらうのが狙いだった。そのために桜前線を追いかけて、南から北まで日本列島を縦断し、タキシード姿の若林正人さんがリポートした。

日本の美を演出するための舞台裏は実のところ、大掛かりな準備でてんやわんやだった。大げさにいえば、野球場にあるナイターの照明設備を急ごしらえでつくるようなものだ。仮設やぐらを組み立てて、500ワットと1キロワットのパーライトを10～20個付ける。

中継車が入れない山奥の場合、機材をどう運ぶか。電源はどうするのか。雨のときはどうするか。一般見物客の邪魔にならないか。わずか3分半の長さだが、夜桜の陰影を美しく演出するためには高度なテクニックが求められ、地方局の協力も必要だった。レールを使った移動カメラやリフトトラックも駆使するようになり、カメラや照明、音声などの技術スタッフ十数人が総がかりで技術の粋を凝らした。

反響は大きく、夏は滝中継、秋は紅葉中継とシリーズが続いた。3分半の「ほっと一息」のためにどれだけの費用を要したか。

『ニュースステーション』が始まった85年から数年間はバブル景気に向かうさなかだった。もちろん当時の僕らは「バブル」という言葉さえ知らなかったが、番組が成功したのは、バブルによって天井知らずの予算を使えたことが大きい。その勢いに乗じることができたのは番組にとって幸運だった。

夜桜中継の面白味は実は生中継にこそあったと思う。今、この瞬間に咲いている桜をみんなで見ている感覚は、昼間に撮った収録映像を見る感覚とはまったく違う。突然雨が降ったり、野次馬がちらっと映りこんだり。現場ではしまったと思っていても、僕から見るとラッキー！だった。

あるいは作家の立松和平（たてまつわへい）さんによる「こころと感動の旅」。旅と自然を愛する行動派作家の中継は、栃木なまりの素朴な語り口がウケて人気企画となった。

平日のうち金曜だけは、1時間遅れの午後11時～12時までの放送となった。午後10時からの『必殺シリーズ』は朝日放送の枠で高視聴率を誇る人気番組だったからだ。この体制はシリーズが終わる1988年まで続いた。

週休二日制が定着していたため、金曜日は土曜に代わる「休日前夜」という位置づけで、番組内容も通常のニュースに加えてゲストを交えたバラエティー色の強い内容とした。

なかでも、一問一答の○×方式で質問に答える「金曜チェック」は、「あなたの新人類度チェック!!」など、クイズと心理ゲームの要素も盛り込んだコーナーだ。大反響を呼んで、「○○チェック」という企画が流行した。

関西の視聴率が高いのはなぜか

番組を比較的自由に進めることができたのは、コマーシャルを挟む時刻が決まっていない「アンタイムCM」のおかげだった。時刻が決まっている「確定CM」に対して、アンタイムCMは、ディレクターや僕の判断でCM入りのタイミングを決めることができる。

この違いは大きかった。夕方のニュースには確定CMが四つか五つあるうえ、定時に全国向けをローカル向けに切り替えなければいけない。一つのコーナーにかける時間がガチガチに固められて進行が窮屈になる。アンタイムCMだと、極端に言えば最後にまとめてCMを流すことも可能であり、その分、柔軟な切り盛りができた。

『ニュースステーション』の視聴率は当初、関西から上がり始めた。1986年に入ってからは、ほぼ一貫して関西が関東を上回った。

系列の朝日放送（ABC）という在阪局は、関西では圧倒的な強さを誇っている。実は朝日放送はかつて毎日新聞系のTBS系列に入っていた。テレビの全国ネットは、全国紙を発行する新聞社と連携する東京キー局の系列に入っているが、大阪だけは朝日新聞社系に毎日放送（MBS）が、毎日新聞系に朝日放送が参加するというねじれ現象、いわゆる「腸捻転」と呼ばれる状態が長く続いた。

この腸捻転が解消されたのが、1975年3月31日。TBSで『ぴったしカン・カン』が始まった年だった。これほど大規模なテレビネットの変更は日本のテレビ史上極めて珍しい。『ぴったしカン・カン』の大ヒットは腸捻転解消後のMBSに大いに貢献し、その10年後に始まったテレビ朝日の『ニュースステーション』は、ABCに大いに助けられたという不思議な因縁がある。

それにしても、ABCが強かったとはいえ、関西ですこぶる評判の悪かった僕が司会をするニュース番組が、なぜ関西で人気だったのだろう。アンチ主流の反骨精神がウケたのか。格式ばったことが嫌いな関西人にくだけたノリが好まれたのか。確かにアンチ巨人の僕は、85年の阪神タイガース日本一を大いに盛り上げはしたけれど。

86年は愛する広島東洋カープがリーグ優勝した年だ。もちろん、『ニュースステーション』では毎晩、試合結果を詳細に伝えた。しかし、番組を軌道に乗せることに頭がいっぱいだったからだろう、この年のカープ優勝については僕の記憶からすっぽり抜け落ちている。

第五章
神は細部に宿る

セットの奥行きと本物感

「中学生にもわかるニュース」「テレビ的なニュース」「楽しめるニュース」──『ニュースステーション』が掲げたコンセプトを僕らはどんなかたちで実現しようとしたか、具体的に見ていきたい。番組づくりの過程でもたらされた多くのイノベーションは、その後の報道番組、情報番組のかたちを変えることにもなる。

番組を始めるときに、僕がまず徹底的にこだわったのはスタジオのセットだった。それまでのニュース番組は「いかに正しくニュースを伝えるか」がすべてであり、セットに多額の資金を投入することなど想像すらしなかっただろう。

しかし「ニュースを番組にする」ということは、原稿の内容に加えてキャスターの表情や話し方、出演者の服装、セット、小道具などをすべてつくりあげていくということだ。そして、テレビではこの外観やイメージ、雰囲気が決定的に重要な要素となる。

『ニュースステーション』は全国各地の都市生活者に向けて発信する。そのためスタジオセットのイメージは、都心の高級マンションの一室のような、都会的でおしゃれなオフィス空間、具体的には「新しい街アークヒルズのビル最上階に、リビングを兼ねた久米宏の個人オフィスがある」というコンセプトにした。

実際、そのセットは僕の自宅のつくりと色や質感、ムードが似通っていた。月曜から金曜まで自分の日常生活とかけ離れた空間でニュースを伝えるのではなく、自宅で食べたりくつろいだりする日常の気分を番組に持ち込みたかった。

その際、鍵となった言葉が「奥行き」だった。従来の民放のニュース番組では、キャスターたちは「ＡＮＮ」などと書かれた壁板を背に、カメラに向かって横一列に座っていた。スタジオの片隅を使った、いかにもにわかづくりのセット。そこに正面からベッタリ照明を当てて陰影を飛ばすため余計に平面的に映る。

『ニュースステーション』では、キャスター席の背後にスタッフルームを設け、スタッフが原稿を持ち込んだり打ち合わせをしたりする情景を、あえて映し出すようにした。そこは天気予報の担当者やゲスト出演者が待機するスペースにもなった。

キャスター席にカメラのピントを合わせると、奥の人物やセットは少しボケて映る。視聴者には後ろのほうで何をしているか、はっきりとはわからない。でも何かをしている。見ていると好奇心をかきたてられる。

カメラからキャスター席までの距離よりも奥行きのほうがずっと長いセットに斜めから照明を当てると、スタジオ空間に陰影を伴う立体感が生まれる。そうすると、ある種の贅沢感を醸し出すことができる。

さらに、ベニヤ板に書き割りという従来のセット観を排し、とことん本物の質感とイメージを追求した。木組みの床を張り、柱や梁、階段には建築用の資材を使った。リビング、2階も実際に使えるため、セットというよりも本物の家をつくるイメージに近い。

実際、このセットは美術スタッフだけではなく大工さんの手も借りた。費用も住宅1軒分はかかった。窓の外に遠く見えるビルの明かりは明滅し、雨の日には窓の外が雨にけぶる様子を演出した。

奥行きのあるセットは、アークヒルズに完成した新スタジオが広かったがゆえに、可能な試みだった。逆に言えば、広大な空間をどう使うかという発想から生まれたアイデアでもある。やがて「奥行き」は番組の内容にまで及ぶコンセプトとなった。

ブーメラン形のテーブル

セットが本物であるかどうかは視聴者だけではなく、出演者の気持ちにも確実に影響を与える。最も本物らしさにこだわったのは、僕たちが座るスタジオ中央のメインテーブルだった。

スポーツキャスターやお天気キャスターが加わって多くの出演者が座りながら話す

場合、横一列では平面的だ。互いの顔を正面から見ることもできない。かといって、丸いテーブルを囲む形にすると、視聴者不在の印象を与える。画面に映った際に不格好なばかりかカメラワークが難しい。

画面効果と機能面を突き詰めて余分な部分を削り取っていくと、最終的には湾曲したテーブルの形になった。その形からスタッフはこのテーブルを「ブーメラン」と呼んだ。出演者と一緒に画面に映るテーブルは材質にこだわり、大道具ではなく家具メーカーに発注した。磨き抜いたテーブルに傷がつかないよう出演者もスタッフも細心の注意を払い、番組開始直前まで分厚い布製カバーで覆い、終わったらすぐにカバーをかぶせた。

それまでのニュース番組はキャスターの上半身だけを映し、テーブルの前は覆われていたため、下半身が映ることはほとんどなかった。食卓をイメージしたブーメランは前を覆っていないので、出演者の脚や靴までがすべて見える。小宮さんの美脚が映し出されたのは、あくまで結果としてだった。小宮さんの脚だけでなく彼女の履いている靴、僕のズボンの裾や靴下、靴までもが映る。よく考えると異常なまでに画期的ニュース番組だ。

それまでは一つの画面に収まるために隣と肩がぶつかるほど近づいて座っていたが、それでは画面が窮屈だ。人と人との間には不快感を覚えない適正な距離がある。ブーメランには一人ひとりの出演者が十分な距離を置いて座り、空間を贅沢に使った。テーブルのどこに誰が座るか。座る位置によって人間関係も変わる。隣に座る場合と一人置いて座る場合とは、言葉のかけ方から声の調子、親密度や緊張感が微妙に異なる。それは見る人にも無意識レベルで影響を与えるだろう。

メインキャスターは普通、テーブルの中央に座る。しかし、それが本当に最適かどうかは一考の余地があった。他の番組がそうしているのなら、なおさら違う座り方を選んだほうが番組に個性が出る。

ブーメランの斜め後ろに設置された応接コーナーは、プライベートな空間とくつろいだ雰囲気を演出した。応接セットに書棚、オーディオセット、キャビネットといった調度品、オブジェ、観葉植物はすべて本物。ほっと一息つく企画コーナーで、このスペースを使った。

番組のメインセットは以後、古民家の梁を使ったり、レンガ倉庫をイメージしたりするなど、合わせて5回更新することになる。2003年に六本木ヒルズに移ったときのセットは、貨物船の船底をイメージし、本物の鉄骨を使って組み立てた。

セットはすべて僕がコンセプトとイメージを提供し、そのまま実現した。念のために予算を聞くと「考えなくていい」。今からは想像できない時代だった。

自分たちが視聴者にどう見えているか、画面の隅々にまで気を配るようスタッフには繰り返し訴えた。

テレビ画面の中に僕がワンショットで映る場合、小宮さんとツーショットで映る場合、バストショットとフルショット、ロングショットとアップショット。それぞれどんな割合とサイズなら最も映えて見えるのか。背景に何が映れば見る人が心地よく感じるのか。

キャスター席から僕が立ち上がる。話しながら隣の応接コーナーまで歩いていく。ソファに座っていたゲストに挨拶をする。自分も座ってインタビューを始める。この一連の動きをいかに美しい画面として見せるか。

カメラマンや照明担当には「世界中の優れた絵画や映画を見て研究してほしい」と訴えた。名画は画面が美しい。例えばレンブラントの絵画からは陰影の効果を、溝口(みぞぐち)健二(けんじ)の映画からは流れるようなカメラワークを学ぶことができる。

映像が与える、そうした生理的な快楽という側面に目を向けたニュース番組は、それまではなく、『ニュースステーション』独自のこだわりだった。僕ほど、映像のつくりにさまざまな角度から細かな注文をつける出演者はいなかっただろう。カメラマンたちは驚くか呆れるかしていたのではないか。

犠牲者520人分の靴

ニュースをより深く、よりわかりやすく視聴者に伝えるという意味で、小道具は時に映像や言葉よりも威力を発揮する。番組では図表やグラフも多用したが、モノによる説明においていくつかのイノベーションを起こした。

最初に反響を呼んだのは、1985年の年末特集で、8月に発生した日航ジャンボ機墜落事故を取り上げたときだった。

事件や事故の死者数をニュースで伝える場合、単に数字の多寡という観点で理解してしまいがちだ。特集では犠牲者520人という数字の背後にある、想像を絶する痛ましい事実の一つひとつに、どれだけリアルに迫ることができるかが問われた。

事故機の座席表から犠牲者の年齢、性別、名前などはわかっていた。僕は乗客・乗員それぞれを象徴するモノとして、誰もが履いている靴をスタジオに並べることはできないかと提案した。

アイデアは出せても、その実現には大変な労力を要する。スタジオに航空機内と同じスペースをつくり、靴屋さんの協力を得て、すべて異なる520足を用意した。しかも乗客それぞれの年齢や性別に合わせ、新品ではない靴を座席表に合わせて並べた。

実際に並んだ靴を目にしたとき、520という数字がどれだけ途方もないものなのか、事故がどれほど凄絶なものだったかを実感した。

お盆シーズンで事故機は満席だった。靴を見れば、犠牲者の年齢、性別がわかるだけではなく、一人旅行か家族旅行か、ビジネス目的か行楽かを想像できた。テレビだけが伝えることのできるニュースとは、こうしたアイデアとそれを実現する苦労の集積の結果としてある。

1987年10月の自民党総裁選報道の際に登場した、候補者の人形も好評だった。中曽根康弘（なかそねやすひろ）首相の後継候補として名前が挙がった安倍晋太郎（あべしんたろう）、竹下登（たけしたのぼる）、宮澤喜一（みやざわきいち）、いわゆる「安竹宮」のニューリーダーの人形。高さ約30センチ。イラストレーターの山藤章二（やまふじしょうじ）さんが描く政治家の似顔絵の面白みを、テレビ的に応用できないかというのが、もともとの発想だった。

次期総裁選びのプロセスについて、政治記事はよく「密室の茶番劇」などと表現する。人形を使うと写真やイラストよりもコミカルな味が出て、その茶番ぶりが言葉を超えて表せる。

安竹宮の3派がしのぎを削った総裁選。最後は中曽根裁定によって竹下登の次期総裁が決定するが、日々変わる議員の分捕り合戦の動きをわかりやすく見せるため、3派の人数を積み木で示した。派閥の人数に応じて高さが変わり、優劣が一目瞭然。この積み木は今やニュース番組の定番となっている。

モノで見せる工夫

災害や事故の報道に模型は欠かせない。1986年11月の伊豆大島・三原山噴火のときのミニチュア模型は、三原山を真っ二つに割って溶岩の流出状況を説明し、噴煙まで出した。

航空機や船の事故は、犠牲が大規模になる可能性がある。美術部では飛行機、船、電車のミニチュアをそろえていた。とくに航空機は日本航空と全日空の機種はほとんどそろえ、航空会社のマークや機体の色、模様の資料を用意して短時間で模型を製作した。

模型はただ精密に再現すればいいわけではない。複雑な構造や多くの色を使うと、それだけ情報量が増えて、かえって視聴者の理解を妨げる。今でも巨大な模型をつくって解説するニュースを見かけるが、アナウンサーが動き回ってかえって見づらいことがある。

小さな模型でも、カメラが寄れば大きく見せることができる。たとえばフィリピン革命のときのマラカニアン宮殿。模型の周りを手持ちカメラが旋回すると、上空のヘリから撮影しているように映る。模型のほうを回しても、カメラを載せたヘリが旋回しているように見えてダイナミックな映像になる。これも映画からヒントを得た手法だ。

テレビの映像技術は日進月歩で進み、『ニュースステーション』もコンピューターグラフィックスなどの先端技術を積極的に取り入れた。ニュースをおしゃれな音楽に乗せ、映像やテロップで格好よく見せるのは比較的たやすい。しかし見る側の立場に立てば、ニュースが次から次へと流れて消えていく映像が「わかりやすい」とは必ずしも言えない。

人間の頭脳は一度に多くの情報を与えられても処理しきれない。紙芝居のように、一つひとつ順を追って見せていくほうが頭に入りやすいのだ。そのため番組であえて採用したのは、ボードやフリップに手書きで説明する手法だった。あるいは僕が一つひとつ指さしてする質問に小林さんが答えるスタイルを取った。

「金曜チェック」をはじめとするいくつかのコーナーでは、紙を引き抜くと文字が現れる「引き抜き」を多用して手づくり感を出した。

フリップの使い方には特に気を遣った。まずサイズはコンパクトなほうが扱いやすい。小さくても、模型と同じくカメラが寄れば大きく映る。

フリップを立てて説明する際、手に持ったペンでフリップを叩いたりこすったりすると、胸元のマイクを通じて視聴者には実に不快な音が届く。ペンで指し示す場合は、ギリギリまで近づけてフリップに触れないようにしなければならない。

フリップの裏には表のモノクロコピーを貼っている。これを視聴者に見られるとみっともない。だから僕はフリップをテーブルに裏返して置かない。フリップを立てる瞬間、テーブルとこすれると、やはり不快な音がする。取り扱いには細心の注意が必要だ。

フリップで思い出すのは放送中に犯した大失態だ。もちろん、番組の中での間違いや失敗など数えればきりがない。もともと生放送にミスは付きものでもある。しかし、沖縄の基地問題を取り上げた際、沖縄の地図を描いたフリップを上下逆さまにして見せたのは、今も忘れることのできない痛恨のミスだ。

フリップには文字が記されておらず、北東から南西に細長い沖縄本島を逆さまに紹介していることに僕はまったく気づかなかった。すぐに誤りを指摘され、番組中に謝罪した。沖縄にはそれまで何度も訪れていた。その上で犯した誤りだった。いかに僕が沖縄という地域をちゃんと見ていなかったかを示す出来事であり、今思い出しても身の縮む思いがする。

番組ごとに衣服をコーディネート

テレビに映るものはすべてがメッセージだ。なかでも出演者がどんな服を身に着けているかは重要なメッセージとなる。

主婦やサラリーマンのランチタイムで話題にのぼるのは、ニュースの内容よりも、それを読むアナウンサーのファッションセンスだったりする。記憶に残るのは、何を語ったかよりも何を着ていたか。それはテレビの本質的な宿命だ。

男性キャスターの場合、スーツやジャケットの着こなしに大きく左右される。うまく着こなしていれば、社会着として歴史的に定着したスーツの力によって、キャスターの語るニュースが説得力さえ持つ。

自分の衣装は『おしゃれ』以外はすべて私服でコーディネートしていた。当時、アナウンサーには歌手やタレントのようにスタイリストが付かなかった。だがテレビに映っている限り、司会者も出演者だ。その衣装は視聴者の気分を左右する。

僕は番組ごとにファッションを変えた。『ぴったしカン・カン』でコント55号の二人がゴルフウェアなので、僕はパンタロンにアスコットタイ姿など、その時代の服を着るようにした。

『ザ・ベストテン』では、黒柳さんの華やかなロングドレスに合わせ、タキシード、それがドレスコードだからだ。初めはミッドナイトブルーのタキシード一点だけ。その後、バリエーションをつけるためにレディースの素材を使うなど、色や襟の形もメンズ服のルールを外し、種類を増やしていった。

『TVスクランブル』の場合、セットは極彩色。横山やすしさんは派手な原色の競艇選手のユニフォームを着てスタジオ入りする。氾濫した色で視聴者の目が疲れないよう、僕が身に着ける服はすべてグレーをベースにした。

こうしたスタイリングはすべてフラワーデザインスクールで教えていた妻のアイデアであり、コーディネートだった。フラワーデザインとファッションは不可分の関係にある。その花にはどんな服やアクセサリーがマッチするか。インテリアに合っているかどうか。雑誌のモデルもしていた彼女は、スタイリストスクールに通うかたわら、銀座のブティックに勤めて服飾の知識とセンスを磨いていた。

やがて僕のスタイリングを担うようになると、メンズ服の特性を知るため男性向けのスーツやジャケット、シャツを自ら着用し始めた。男性の皮膚感覚を知るためにトランクスまで履く徹底ぶりだった。色彩感覚や美意識について、僕は彼女の能力とセンスを全面的に信用し、すべてを任せた。服を扱う会社にまだテレビメディアを通じたPR戦略がない時代。彼女は衣装を借りる方法とルートを自ら開拓していく。

そんなふうに彼女は僕のスタイリストでありながら、次第に仕事をサポートする存在になっていった。

ニュースで変わるファッション

ニュースという新鮮な情報を伝える人間は、見る人に緊張感を与えるくらい洗練された服と雰囲気を身にまとっているべきだと思う。スーツ、ネクタイ、アクセサリー……身に着けている服も情報であり、最新の服はニュースだからだ。

日本テレビの『おしゃれ』では、番組のオンエアが昼間の時間であることを考慮してカジュアルな服を多用した。カジュアルな服は人が生涯着るものだからだ。

『ニュースステーション』の場合は、都市からの発信を強く意識していたため、ファッションは都会派ビジネスマン。たとえば今日は東京にいて、明日はニューヨーク、その後パリ経由で帰国する、そんな男性像を想定してのスタイリングとなった。

しかも、それまでのキャスターが身に着けなかった新時代の息吹を感じさせるファッション。そこで当時、世界を席巻しつつあったイタリアンのソフトスーツの着こなしを取り入れた。

その柔らかさと新しさが「中学生にもわかる」という番組のコンセプト、そして職場から帰宅した男性がほっと一息つく夜10時からという時間帯に合っていると考えた。パリやミラノ、ロンドン、東京、ニューヨークで紹介された服を借りてきて、僕がスタジオで着る。すると世界でそのとき流行している服を紹介することになる。ニュース番組として、それは大切な情報だ。流行の最先端で身を包んでいることをアピールこそしなかったが、ファッション業界は注目してくれた。

視聴者の感覚と乖離（かいり）しないように、２週間をトレンドの服で通したら、次の２週間は普通のスーツにする。コンセプトは憧れと親近感。それを繰り返した。

午後11時スタートの金曜は、視聴者もオフの気分になっている。企画も娯楽番組に近かったため、ニットやブルゾン、スポーツウェアといったカジュアルな装いにした。

ニュースの内容によって服を変えることもあった。映像は生理に訴える。たとえばトップニュースが不幸な内容の場合、ピンク色のタイは似合わない。通常は良い一日で終わることができるように明るめの色を身に着けるが、ニュースの内容によっては急遽地味なものに取り換えた。

喜びの顔、悲しい知らせ。１時間17分の中には人生における冠婚葬祭、世界中の喜怒哀楽が詰まっている。それをどう受け止めるか。スタイリストは服を選びながら、今日のニュースをどう捉えるかも日々問われていた。

視覚情報は潜在意識に訴える

テレビに出ているときは最新モードに身を包んでいたが、日常の僕はラフな格好でいるようにした。セーターやポロシャツ、Tシャツにゴム草履ということもあった。なるべくオンとオフの落差を付けるためだった。

毎日、テレビ局の控室に行くと、2着のスーツが用意されている。スーツ1着につきワイシャツ1、2枚、ネクタイは3本ずつの計6本。ネクタイの色や柄はその日のニュースや企画、天候などによって慎重に選ぶ。眼鏡も腕時計もペンも服のイメージによって変えた。

オンエアの15分前に頭からつま先まで真新しい服に着替え、自分のテンションを高める。それは久米宏から『ニュースステーション』の司会者になる通過儀礼だった。

番組を長く続けて最も苦労したのは体形の維持だった。衣装を着こなすためには、こちらも体形を保たなければならない。そのためには節制と禁欲が求められた。たとえば寝る3時間前からは食事をしないようにしていた。

キャスターは何千万人もの視線に日々さらされる仕事だ。髪がはねている。ネクタイが曲がっている。どんな些細なことも視聴者は見逃さない。月曜から金曜まで毎晩それが繰り返される。見られる側にとってはかなりの重圧だが、見る側にとっても実は細かいことが意識下ではとても気になっているのだ。

飽きられてはいけない。でもあまり刺激が強くてはいけない。かといって印象に残らないのも困る。だから時には視聴者が驚くような刺激的な装いもした。

僕が服に合わせた色のペンを持っていることは、誰も気づかないだろう。しかしたとえ気づかなくても、目から入る視覚情報は潜在意識に訴えて記憶の奥に残る。

僕の服が流行のものかどうかわからなくても、毎日見ているうちに「久米宏が着ている服は何か違う」「あんな服を着てみたい」。そんなふうに思ってくれれば、それは見ている人たちに大切な情報と心地よさを提供したことになる。些細なことではあっても、毎晩放送する番組の場合は、この小さな積み重ねがじわじわと効いてくる。

話し言葉でニュースを読む

こうした細部へのこだわりは、ニュース原稿の内容からその読み方、表情にも及んだ。

記者が書いたニュース原稿は夕方から五月雨式に僕の手元に集まって来て、午後9時40分ごろに一気に押し寄せてくる。原稿には独断でかなり手を入れた。本番の最中に直すこともあれば、読み始めてからアドリブで言葉を差し替えることも少なくなかった。

原稿をどのように手直ししたか。初めのころ目についたのは、昔ながらの名文調、美文調、紋切り型の文章だった。「心が洗われるような白い雪」「憎しみが憎しみを招く連鎖」。

必要なのは、美しい文章でも、かっこいい文章でもない。聞いてわかりやすい文章だ。だから、なるべく書き言葉を使わず、話し言葉にする。記者には「普段話す言葉で書いてほしい」と繰り返しお願いした。

たとえば「投棄した」ではなく「投げ捨てた」。「回想する」は「思い出す」。常套句の「なりゆきが注目される」など日常では使わない。「どうなるんでしょう」でいい。往々にして文章が長かった。1回息を吸って吐いたらワンセンテンスが終わるくらいでなければ、原稿を読む側はもちろん、聞いているほうも苦しくなる。文章はどんどん短く切った。1ページ分を削除したこともあった。

語順は理解しやすい論理の組み立て方に並べ変えた。形容詞は形容する名詞の一番近くに持ってくる。「白い洗い立てのシャツ」ではなく「洗い立ての白いシャツ」。主語はなるべく前のほうに置いたほうがわかりやすい。「九州地方に台風が接近しています」ではなく、「台風が九州地方に接近しています」。主語と動詞の関係をはっきりさせる。「赤い車に乗った年配の男女」ではなく、「年配の男女が赤い車に乗っている」。「さて」「ところで」「一方で」といった転換の接続詞はなるべく使わない。場面が変われば、あるいは読み手の気持ちが変われば、視聴者にとってはすでに「さて」となっているからだ。

パンダを見ると「かわいい」、桜ならば「きれい」といった手垢のついた言葉は使わない。

季節の話題を伝える場合、「今、あじさいが満開です」まではいい。しかし、その後に「ぜひお出かけになってみてはいかがでしょうか」といった慣用句は要らない。行くか行かないかは聞いた人が自分で決める問題だ。

この「お出かけになってみてはいかがでしょうか」は、いまだにテレビやラジオの常套句(じょうとう)だ。喋っている本人は、おかしいとは思わないのだろうか。

右は左、東は西

ある言葉を口にする前に、僕は一度、頭の中で話し、僕がそれをテレビで見ていたらどう感じるかを考えてみる。ニュースは視聴者目線、送り手よりも受け手の都合を最優先にして伝えなければならない。

送り手側である僕の「右」は、視聴者から見れば「左」に見える。「株価は今まで右肩上がりに」と言いながら、指先を左上に上げていかなければならない。ベトナムからラオス、カンボジア……と地図上で右から左に並んでいる国を、左から右に向かって説明する。左手を出して瞬時に「右」、右手を出して「左」と言う。東西も逆に言えるまで僕は繰り返し練習した。

数字はわかりやすい喩えで言い換えた。たとえば「交通事故死者が1万人を超えた」というニュースなら「東京ドームの観客席のここからここが死亡した」と視覚イメージに訴えた。

特集の内容が難解な場合は、VTRを流す前にあらかじめ言葉を添えて、視聴者に注意を促した。

「さて、ややこしい特集です。しっかり見てください」

「最初のVTRは短いので集中して見てください」

「放送する我々にもよくわからないのですが」

番組のリポートが何を言いたいかわかりにくいときは、「小林さん、今のリポートはよくわかりませんでしたね」と話した。

このコメントはリポーターを傷つけ、番組の自己否定にもつながる。しかし「見ている人も多分わからなかっただろうな」と思ったときは、瞬間的に口にしていた。

予定のＶＴＲが出てこなかったり、テロップの文字が間違ったりしたときは、「不手際をお詫びします」と頭を下げるだけではなく、「次のＶＴＲはちゃんと出てくるでしょうか?」と視聴者と同じ目線でそのミスを笑ってみせた。

僕は番組の出演者だが、頭の中の半分はいつも見ている人の立場や生活から考えようとした。『ニュースステーション』の放送は平日夜10時から。ＶＴＲをつくるスタッフにはいつも、「帰宅したサラリーマンが、風呂上がりに一杯ビールを飲みながらテレビを見ている状況をイメージしてつくってほしい」と呼びかけていた。

画面の情報量と話の中身

ニュース番組でも〝生きた言葉〟を話すことが僕の切なる願いだった。言葉はそれを裏打ちする思いがなければ相手には伝わらない。

そのため原稿の下読みは一切声を出さないようにした。つまり黙読だ。思い込みかもしれないが、一度でも声に出して読んでしまうと、次に読むときには新鮮味が失われ、生きた言葉にならない気がした。

声を出して読む速度で黙読することに最初は慣れなかった。黙読では、言いにくい言葉があることに気づかず、本番でトチることもある。そのときは言い直せばいい。

小宮さんには「ニュースの重要なところは、わざとトチってもいい」とさえ話していた。視聴者はその部分を2回聞いて、より理解が進むことになる。

本番で初めて声を出して読むのは、なかなかスリリングで面白い。これで言葉が生きるという満足があり、より視聴者に伝わるはずだという確信もあった。結局、下読みで声を出したことは、『ニュースステーション』を続けた18年半の間で一度もなかった。

番組ではプロンプターを使わなかった。プロンプターはテレビカメラのレンズ手前のハーフミラーに原稿が映る機材だ。これを使うと、カメラから視線を外すことなく原稿を読み続けることができる。アメリカから入って、今ではニュース番組を中心に定着している。アメリカのキャスターたちは基本的にプロンプターを使っている。

しかし、あらためて考えると、カメラをずっと見続けながら、長いニュース原稿をよどみなく読む様子は不自然ではないか。それに、ニュースの読み手を注意深く観察すると、わずかに瞳が上下に動くのがわかる。横書きのアメリカでは左右に動く。

古臭く見えてもかまわない。たまに手元の原稿に目を落としながら「あのー、次はですね」と伝えたほうが、人間味があって親しみやすい。立て板に水のような読みは聞きやすいかもしれないが、不思議なことに言葉が伝わらないのだ。

ワイドとアップでは画面の抱える情報量が異なる。情報の少ないアップのときは声を落としてもいい。しかし、ワイドになると自分以外の情報が画面に入ってくる。そのときは話す音量を大きめにし、内容を少なめにしなければならない。

これは『ザ・ベストテン』の司会をしているときに学んだことだった。画面に黒柳さんと僕が映る。黒柳さんはドレスを着ていて周りのセットも映り込むため、画面は相当な情報量になる。そういうときに情報量の多い話をしても「容量オーバー」で視聴者に十分伝わらない。だからあまり意味のないおしゃべりをする。中身の濃い話をするときはアップになって画面の情報量が減ったとき。そのバランスに配慮した。

僕が座るテーブルの手元には、マイクの音声を入れたり切ったりする「カフ」という装置や、出演者が放送内容を確認するためのモニターを設置しなかった。ニュース原稿は通常、視聴者から見えないようにネームプレートなどで隠すが、それもあえて見せていた。

僕は生放送の中で、自然な時間の流れをつくりたかった。姿勢を正して、よどみなく話す姿は端正かもしれないが、いかにも不自然だ。時に言い間違えたり、言葉に詰まったりしたほうが、人間としては自然ではないか。その自然な時間の流れを視聴者と共有することを大事にしたかった。

速く聞こえないように読むには

文章はなるべく短くしたほうがわかりやすい。しかし「……ですが……」を「……です。しかし……」と短く切ると、それだけ全体の量が増える。時間内に収めるためには、原稿をそのぶん速く読まなければならない。

速く読んでも、速く聞こえない方法がある。これもまた、『ザ・ベストテン』の司会をしていたときにヒントを得た。

ランキング1位の歌はいつも番組のラストに歌われる。たとえ時間が押していても、1位を飛ばすわけにはいかない。リハーサルで2分45秒かかった曲を2分20秒に収める必要がある。生放送なので編集はできない。どうやって25秒縮めるか。

そんなとき、最終的にはバンドの指揮者が天才的な技を発揮して、少しずつテンポをあげるか、うまい具合に曲の「間（ま）」をつまんでいった。この方法だと、聴いている僕たちはもちろん、1位で高揚している歌手も意外と演奏時間の短縮に気づかない。

これをニュース原稿にも応用した。全体にテンポを速めるか、言葉と言葉の間隔を詰めて読む。十分な間をところどころに置けば、全体としては急いで読んだようには聞こえない。全体にテンポを速めれば、そのときの間はゆっくり読むときの間より短くても、視聴者には十分な間に聞こえる。特に最後の5秒をゆっくり読むと、急いで読んでいる印象を与えない。逆に最後だけでも急いで読むと、速く読んでいる印象を与えてしまう。

「間」の呼吸をつかむことは話術の極意だ。絶妙の間で笑わせた噺家が、敬愛する古今亭志ん生だった。

しゃべりを忘れていたような間があるかと思えば、マクラをやめていきなり本題に入ることもある。話の転換がひどく乱暴で、いかにして収めるか心配させながら、新しい場面に転じてストンと落としてしまう。アヴァンギャルドでシュールなところが、僕にはたまらない魅力だった。僕は場面転換の話術を幼いころからひたすら聞いた志ん生の落語から無意識に学んだように思う。

テレビ映像の快感も、この場面転換にある。黒澤明（くろさわあきら）監督が「映画の命はカットからカットに移る瞬間にある」と語っていたが、テレビでもスタジオから中継にカメラが切り替わる瞬間、ＣＭが次のＣＭに代わる瞬間こそが映像の命、僕にはたまらなくセクシーに思える。

ニュアンスのある無表情

小宮悦子さん、1998年からその後を継いだ渡辺真理さん、そして他の女性アナウンサーたちに注文したのは、ニュース原稿を読むときの声の高さと顔の表情についてだった。

民放の女性アナウンサーには「常に若々しさ、かわいらしさが求められている」という固定観念がある。だから女性アナウンサーは原稿を読むときも、総じて音程を上げて声を発している。

しかし、ニュースは高い声で読まれると聞きづらい。最初に小宮さんには「もっと声を低くして」とお願いした。彼女は声帯を痛めながら努力に努力を重ねて、『ニュースステーション』にいた13年間でずいぶん声を低くした。

そして表情。バラエティー番組の場合、出演者はカメラを向けられると、笑う、驚く、考え込む、つまり反射的に「ニュアンスのある表情」をしてしまう。しかしニュースを読むとき、豊かな表情は視聴者には余計な情報になる。『ぴったしカン・カン』でコント55号の二人を見て考えた「素の表情とは何か」というテーマだ。

とくに女性アナウンサーは無意識に笑顔になることが多い。彼女たちには「ニュースを読むときに、意味なく笑わないように」と伝えた。もちろん怒ってはいけないし、悲しそうにしてもいけない。

中立の表情でいること。中立の表情とは無表情とも言えるが、それは必ずしも自分がイメージする無表情ではない。視聴者にとっての無表情だ。テレビの場合、冷たい無表情ではいけない。人間らしい温かみと魅力、やや明るさがある無表情。ムスッとしておらず、すっと自然にそこにいるという無表情。生きている、ニュアンスのある無表情。

「ニュアンスのある無表情」は自分が意識してつくる必要がある。いかに無表情でカメラに耐えられるか。「難しいけれども、鏡を見て研究してほしい」。ニュースを読む際にいちばん厳しく注文したことだった。

テレビが面白いのは、生の人間をそのまま映し出すからだ。視聴者はそれらを皮膚感覚で受け止める。感情を表に出さず、手元の原稿を読んでいるだけのアナウンサーのニュースが面白くなく、わかりにくいのは、その皮膚感覚に訴えるものが欠けているからだと思う。

しかし彼らのニュースをラジオで聞くと、それなりに聞きやすく理解しやすい。なぜか。テレビでは何のニュアンスもない無表情が、ニュースの内容を理解する邪魔になってしまうからだ。

視聴者にはニュースの内容も情報として入るが、それと同じかそれ以上の重みをもって「つまらないアナウンサーの顔」という情報も入ってきてしまう。

オリジナルを最優先したコメント

「竹下さん、本当に大丈夫なんでしょうかねえ、こんなこと言っちゃって」

ニュースの後に入れる僕の発言については「当意即妙のコメント」「絶妙のアドリブ」と評された。あるいは逆に「調子に乗りすぎ」「行儀が悪い」と批判された。アドリブに見える僕の発言の半分は、前もって考えていたものだった。

ニュース原稿に何のニュアンスがなくても、僕が間を取ったり首を傾げたり、読み終わって「そんなバカな」とコメントするだけで、伝わる意味合いは根底から変わる。記者はそんなつもりで書いたのではないかもしれない。しかし僕は誰に相談することもなく、それを独断で実行した。

傲慢に聞こえるかもしれないが、僕は自分の感覚を最も信用していた。その自信は自分がいちばん視聴者に近い視点に立っているという思いに裏打ちされていた。もし自分の感覚が視聴者とずれてきたら、そのときは番組を辞めるときだと考えていた。

「失言」も僕の場合はほとんど演出だった。失言はタイミングが合わなければ効果が出ない。やりとりが白熱してケンカごしになったところで思わず口をついて出たように、用意していた言葉を発する。それによって起こる波紋は覚悟の上だった。

僕がコメントを口にするときに何よりも優先したのは、「まだ誰も言っていないことを言うこと」「誰も考えていない視点を打ち出すこと」だ。失敗に終わってもいい。他人が言いそうなことをすべて排除して、誰も言いそうにない言葉を選ぶことをまず考えた。

そのためには、毎日、新聞は全紙の朝夕刊に目を通し、他局のニュース番組もチェックした。昼のニュースを見ながら「今日は何を言おうか」とぼんやり考え始める。他のキャスターが言ったコメントは、まず除外した。

コメントの中身については誰とも相談せず、「これならいける」という自信ができてからでなければ口にしなかった。

予定調和となると、新鮮さが失われる。本番前には必ずトイレに行って、覚えたことをいったんすべて洗い流す。用意していたコメントを本番で言おうかどうか考えて、結局言わなかったり、その場の直感で変えたりすることも珍しくなかった。

オリジナルな意見にこだわったのは、自分のタレント生命をできるだけ延ばしたいという思いもあった。この業界に身を置いた以上、真にクリエイティブな仕事をするためには、自分独自のスタイルを持つことだ。だから人まねは絶対にしたくなかった。

コメントがニュースの見方を変える

しかし他人が言っていないことで、自分の本意と矛盾しないコメントを見つけるのは大変だった。時には自分の思いとは異なるコメントも、「世間で言われていることは必ずしも正しいとは言えない」「こんな考え方もできます」という意味で発することもあった。

これまで通りの見方、みんなと同じような意見を発すれば視聴者に伝わるという思い込みは、コメントの発信者が陥りがちな最大の落とし穴だ。たとえ最大公約数の意見とは違っても、僕は「そういう考え方もあるな」と思える見方をできる限り提供しようと努めた。

たとえば、ゴルフのスター選手が過酷なトレーニングを自分に課しているとする。その姿には「大変な努力です」と感心して視聴者の共感を得るのが普通かもしれない。でも僕なら多分、それでは終わらない。

「だってマスターズで優勝すれば賞金2億円ですよ！」

自民党議員の不祥事に幹事長が木で鼻をくったような発言しかしない。「けしからん」「国民をばかにしている」では何も新しい視点を提供できない。

「まぁ仕方ないでしょう。党の幹事長なんだから。こういう発言をしなかったら立場がないんでしょうねぇ」

ニュースは少し見方を変えるだけで、まったく異なる姿を現すことがある。どこで何を言うかは、ベースに「予想外」がなければつまらない。「このニュースに普通それは言わないだろう」という反応を惹き起こす予想外。

それはもちろん、「何をバカなことを言ってるんだ!」という反発を招く危険性が常にある。でも僕のコメントによって、テレビを見る側に何か反応が生じればそれでいい。

「あの久米でさえこれだけ言うのだから、自分ももっと発言していいはずだ」

黙って見ているだけではなく、自分も言う、あいつも言う。周りの言うとおりに右や左を向いたりせずに自分個人の意見を言う。そういう空気をつくることこそ、僕がコメントに込めた思いだった。その意味で、『ニュースステーション』は『TVスクランブル』の延長線上にあったのだ。

そしてコメントは、いつ口にしてもかまわない。たとえば「夜桜中継」の感想を中継直後に言わず、ニュースを挟んで15分後に言う。

「それにしても、今日の若林さんの中継はちょっとおかしかったですね」

視聴者が「なんか変だったなぁ」とぼんやり感じていたことを、間を空けて伝えると、見ている人は「やっぱりそうか」と得心する。これは直後に指摘するよりも効果的だ。

トップニュースの感想を番組の最後に言ってもいい。昨夜のエンディングで失敗した理由を、翌日の冒頭で説明してもいい。つまり、僕らは1時間17分を好きに使うことができるのだ。

毎日、1時間以上に及ぶ長いニュース番組を放送しているという意味は、単に多くの情報を伝えているということだけではない。その時間を視聴者みんなと共有しているということであり、お互い楽しむことができるということだ。コメントも自由なら順番も自由。そんな空気を視聴者も無意識に呼吸してくれていたのではないだろうか。

出演者同士の対決を演出

『ニュースステーション』を始めた当初から考えていたのは、僕が政治家などのゲストと対決するだけではなく、たとえばメインキャスターとお天気キャスターが対立しているという緊張感を番組の中でつくれないか、ということだった。

番組の中では、みんな毎日、和気藹々（あいあい）と仕事をしている。そんな教科書みたいにきれいな世界は不自然だし、つまらない。現実の人間社会はいがみ合ったり反目しあったりしているではないか。

コメンテーターの意見にキャスターが逐一うなずく必要はない。「それは違う」という日があってもいい。「最近太ったね」とキャスターが言ったら、サブキャスターが「失礼でしょう!」と言い返す場面があったら面白くないだろうか。

初期のころ、若林さんと僕との不仲説が浮上した。確かに僕は若林さんを画面上でからかったりツッコミを入れたりしていたが、僕にいやみを言われて反発するときの彼がいちばん魅力的だと思ったからだ。

実のところ、二人はオンエア以外では仲が良く、金融関連のニュースでは元大手銀行マンの若林さんに教えを請うていた。若林さんも講演会では僕にいじめられた話をしていたそうだから、互いに不仲説をネタにしていたところがある。

小宮さんの代役で小谷真生子(こたにまおこ)さんが登場したときは、やはり二人の不仲がマスコミで取り沙汰された。実際は仲良しだったけれど、せっかく不仲と書かれているのなら、それを利用しない手はない。「人と人は仲良くしなければ」という話題がたまたま出てきたときに、

「ねっ、小宮と小谷も仲良くするように」

と言ってみた。どこかの雑誌が取り上げてくれるかなと思ったら、ありがたいことに書いてくれた。

逆もある。夜の10時から始まる『ニュースステーション』を一杯飲みながら見る男性は、どんなことを考えているのだろう。小宮さんは美人で、僕はプレイボーイのイメージがある。すると潜在意識で「久米と小宮の関係」を疑うのではないか。

ならば僕としては、その期待に応えなければいけない。だから月に一度は小宮さんのことを「悦ちゃん」と呼んだ。見ている人はドキッとしたはずだ。「言ったぞ、今言ったぞ」。そんなふうに少しでも興奮してもらえれば満足だった。

キャスターやアナウンサーではなく、一人の人間として番組の中に存在する。ニュースに対するコメントも、一人の人間としてどう考えるかを言葉にする。そんなふうに出演者たちが番組の中で「人間として生きている」と感じることができる。いってみれば、僕はニュース番組にストーリーのあるドラマを持ち込みたかったのだ。

求められる女性的な感性

これまで見てきたように、『ニュースステーション』という番組を成立させていたのは、実に些細なことの積み重ねだった。こうした細部に対する僕のこだわりと配慮は、もしかしたら女性的な感性、感覚ではないかと思うことがある。

「久米宏『陰間（かげま）』論」と題する、僕を批判するコラムが月刊誌に掲載され、全国紙が取り上げたことがある。

「久米氏の言い方は、軽口風直截な言い方、と言うより、陰間がシナをつくりながら、口先だけでペラペラとしゃべりまくっているようなものであった。政治や社会についてのしっかりした見識、などもとよりない。まさに、ジャリ・タレのトーク・ショーそのものであった」（古山高麗雄〔ふるやまこまお〕、「新潮45」89年6月号）

当時、僕は「陰間」が何を意味するかを知らなかった。陰間とは「宴席に侍し、男色を売った少年」を指す。もしこのコラムのいわんとしていることが「女のように媚びへつらう男」というニュアンスなら、この指摘はある程度当たっていると思った。テレビの仕事はかなり女性的な感性が求められる。美に対するセンスや細やかな気配り。長い間、テレビに出続けることができる人間には、そうした女性的な資質が必要になる。

同時に女性の共感を得なければ視聴率が取れない時代でもあった。女系家族で育った僕には、女性の目で物事を見たり考えたりする癖が自然と身についていたのかもしれない。

たとえばマイクにはマイクカバーを付けていた。当時は白い服を着ていても、黒いマイクカバーが付いている。僕は「白い服には白いマイクカバーにしよう」と音声さんに提案し、服の色に合わせて、その都度カバーの色を変えてもらうようにした。

衣装とマイクカバーの色を合わせることは、もっと前に誰かが気づいてもよかったのではないか。数色のマイクカバーを用意すれば済むだけのことなのだから。

どうして気づけなかったのかを考えてみると、要するにテレビにおける映像の重要性について突き詰めて考えた人は、ニュースの現場にはいなかったということだ。

僕は自分が着る服にペンの色を合わせていた。でも今、ニュース番組で服に合わせたペンを持っているキャスターを見かけない。そこまで考えた僕のほうが異常なのかもしれないが。

『ニュースステーション』がそれまでのニュース番組と違っていたことはさまざまに論じられてきたが、僕が第一に心がけたのは、見ていて心理的、生理的に抵抗がなく、視覚的に気持ちがいい番組にしたかった、ということなのだ。

そして、そのためには異常に細かなことを積み重ねていった。僕のラジオ番組、テレビ番組がある程度成功したのは、誰も気のつかないようなことが気になった、誰も考えないようなことを考えてきた、そうして得た信念を頑固に貫いてきたからだと思う。

その意味では、結局、僕はラジオとテレビのオタクだったということだ。

「悪くないニッポン」を映す

『ニュースステーション』は、スタジオのセットから小道具、画面のつくり方、出演者のファッション、コメント、表情に至るまで、ある種の統一感によって支えられていたと思う。番組全体に特定の趣味、もっといえば好き嫌いが反映しているとでもいえばいいだろうか。

番組はさまざまな人間の考えや好みが盛り込まれているのではなく、一人の感覚、感性によって統一されていたほうがいいという信念が僕にはある。

その意味で『ニュースステーション』は、僕個人の趣味が色濃く反映された番組だったといえるだろう。その点は、それまでのニュース番組とは根底から異なっていた。一貫して番組を支える統一感をあえて言葉にすると、これまで述べてきた贅沢感であり、見て心地のいい画面であり、人間味あふれる親しみやすさであり、自由な雰囲気である。それがどれだけ視聴者に受け入れられたかはわからない。嫌いだった人も当然いただろう。

ただ、その統一感を維持できたのは、僕一人が最初から最後まで番組を続けることができたからでもあった。番組が続いた18年半の間に、プロデューサーもディレクターもデスクも次々に入れ替わった。僕だけが居残り、結局、僕の趣味が最後まで番組を彩ったということだ。

毎日の画面に映っているのは、大げさに言うと「ニッポンのいいところ」、もっと正確に言うと、「悪くないニッポン」だった。

背景に見えるのは東京の夜景。それはセットを通してだったけれど、視聴者は今の東京を生で見ているような感覚だったと思う。

ちょっと贅沢なスタジオ空間から、おしゃれなファッションに身を包んだ人たちが、上質なモノに囲まれて、生でニュースを伝えている。小宮さんはきれいだし、小林さんは素敵だ。出演者たちは画面の中で生き生きとしていて、どこか余裕を感じる。

つらいニュースも悲しいニュースもある。でも自分が暮らす国の「悪くないところ」が映っている映像は、毎晩1時間以上この番組を見ている人たちにはけっこう救いになったのではないだろうか。『ニュースステーション』が長く親しまれた理由は、実はそんなところにあるのかもしれない。

第六章

ニュース番組の使命

ニュース戦争勃発

『ニュースステーション』の成功によってニュースが「商品」になりうることがわかり、各テレビ局はこぞって報道の強化に乗り出してきた。

一連の動きから伝わってきたのは、TBSが『ニュースステーション』と同じ時間帯にニュース番組を本気でぶつけてくるという情報だった。

正直言って僕たちは恐れおののいた。系列局の数から見ても、報道に携わる陣容から見ても、テレビ朝日をはるかにしのぐ「報道のTBS」だ。僕自身がTBS出身だっただけに、その怖さはよく知っていた。

スタッフ全員が戦々恐々とし、TBSに対するコンプレックスもないまぜになって、ライバル番組が始まるまでの3カ月間は現場に悲壮な覚悟が漂っていた。

ただ、そのメインキャスターが寸前まで決まっておらず、黒柳徹子さんや筑紫哲也(ちくしてつや)さんの名前が取り沙汰された。

朝日新聞の記者だった筑紫さんがキャスターになれば、『ニュースステーション』とはアプローチの異なる正攻法のニュース番組となるだろう。僕はそれまで特番で筑紫さんと2回ほど仕事をしたことがあったので、彼の底力を知っていた。

ついに1987年10月、『ニュース22・プライムタイム』（以下『プライムタイム』）が始まった。メインキャスターはTBSでワイドショーの司会をしていた森本毅郎（もりもとたけろう）さん。マスコミはさかんに「ニュース戦争勃発」と書き立てた。

僕が唯一ほっとしたのは、経験豊かな大ベテランの森本さんがNHKのアナウンサー出身だったことだ。NHK出身者には特有のオーラがあって、彼らが庶民的だったり型破りだったりした場合は「NHK出身者の割には」という〝後光効果〟に救われる。しかし、それはあくまで後光であり、基本的にはNHK流の生真面目なニュースの伝え方の枠を広げることはできない。

僕たちの心配をよそに、『プライムタイム』は初回から拍子抜けするほどの低視聴率で、低空飛行を続けたまま1年で終了することになった。その後は『JNNニュースデスク'88』と衣替えをして続いたが、やはり視聴率は低迷し、TBSは結局、開始から2年で午後10時台のニュース番組から撤退した。

僕やスタッフたちにしてみれば、『プライムタイム』が始まる前後の半年間は異様に燃えた期間だった。開始前の3カ月は「これは負けるかも」という恐怖、開始後の3カ月は勝てるはずのない相手に勝てた喜び。危機感と闘争心によって、番組は逆に大きな活力を与えられた。

枠を広げなかった後発番組

民放各局が新たな報道番組を始める一方で、NHKは1988年4月、『ニュースセンター9時』の枠をそれまでの40分間から午後10時20分までの80分間に拡大し、記者出身の平野次郎さんをメインキャスターに据えて『NHKニュースTODAY』に看板替えした。しかし、これもわずか半年間で1時間に短縮された。

『ニュースステーション』を追うかたちで、TBSはニュース番組にコメンテーターをもうけたり、NHKは放送時間枠を拡大したりしたが、それらはどれも成功したとはいえない。僕は裏番組や後発のニュース番組を意識してウォッチしていたが、いずれも『ニュースステーション』とはまったくコンセプトを異にする番組だった。

まず、『ニュースステーション』が80分近い時間枠が確保されたことの意味は大きい。後発番組のほとんどは1時間弱の枠にとどまっていたが、長さの違いは質にも決定的な差異をもたらした。

ワイド枠ならば大事件にも対応できるし、細部にこだわって内容を深く掘り下げることができる。話が面白ければ、予定していたコーナーをどんどん飛ばす『TVスクランブル』の手法が応用できた。

『ニュースステーション』と後発番組のより本質的な違いは、ニュース番組としての「枠」を大きくしようとしていたかどうかだったと思う。

番組にはそのコンセプト、主義主張、様式といった面で、おのずとはみ出してはいけない枠がある。『ニュースステーション』は絶えずその枠を広げよう、広げようという試みを続けた。広げた枠の中で、よりのびやかな発想、より自由な発言と振る舞いができるように努めていた。

そうして具体化したのが、これまで述べてきた奥行きのあるセットであり、オリジナルなコメントであり、話し言葉によるニュース原稿だ。

それに対して後発番組は、番組の枠そのものを広げることなく、時折、枠をはみ出す試みをするだけにとどまっていたように思える。

番組の枠は、日常的に広げる努力を続けていかなければ広がっていかない。枠の中で勝負している限り、結局はこれまでのニュース番組の改良版、変則版にとどまってしまう。後発番組がいずれも『ニュースステーション』ほどの成功に至らなかった最大の理由は、そこにあったのではないだろうか。

コメントにまつわる錯覚

後発のニュース番組が総じて『ニュースステーション』にならったのは、キャスターがニュースに対して個人的意見を加えるスタイルだった。それは従来のニュース番組と一線を画す『ニュースステーション』の個性として注目され、僕は「初めてニュースにコメントしたキャスター」と位置づけられた。

その際、僕がほとんどのニュースにコメントを加えたり、自分の意見を自由に話したりしているようにいわれたが、そこには大いなる錯覚がある。僕が実際にニュースに対して意味のあるコメントを加えるのは週にせいぜい2回、それもごくごく短い時間だった。当然、自分が思っていることのほんの一部しか口にしていない。

僕が言葉にするのは、誰もまだ口にしていないオリジナルなコメントに限る。最大の優先事項は「他人が言っていない」ことであり、そのためには自分の主義主張に反する発言さえしたことがある。

その内容が「そうそう、その通り」と腑に落ちたり、「えっ？　そうなの？」と虚を衝かれたりした場合、見ている者は強く印象付けられる。それが「大いなる錯覚」を招いた原因ではないかと思う。

『ニュースステーション』がスタートしたとき、キャスターが個人的意見を発するという明確なコンセプトはなかった。僕にしてみれば、自分の意見を言っても悪くないだろう、くらいにしか考えていなかった。

そこにはまず、これまでのアナウンサーが個人的な意見を表明してこなかったから、という戦略的な意図がある。そして毎日、目にするキャスターがどういう考えの持ち主かわかったほうが、視聴者はより身近に感じることができるという判断からだった。

『ニュースステーション』が始まる前の半年間に、新番組の参考にしようと海外のニュース番組をVTRでチェックしたことがある。欧米のニュース番組ではキャスターが自由にコメントしているイメージがあるかもしれないが、実際はそうでもない。

「アメリカの良心」と呼ばれたCBSのウォルター・クロンカイト（元UP通信記者）や、その後任のダン・ラザー（元AP通信記者）は、キャスターを務める番組で自らの意見を口にしなかった。「アンカーマン」と呼ばれた彼らはニュースの編集権を握っていたため、放送するニュースの選択自体が意見表明と同じ働きをすると考えられた。

CBS・NBC・ABCの三大ネットワークがいわば全国紙の代わりをしているアメリカでは、キャスターたちは新聞の一面のような顔をしてニュースを伝えなければならない。そのひと言がアメリカの世論に大きな影響を与える。

しかし、アメリカと日本のテレビ状況は違う。日本のニュース番組でキャスターがいくら自らの意見を口にしても、それが世論を大きく左右するとは考えられない。

僕が最も影響を受けたのは、フランスのテレビ局「アンテンヌ2」（現フランス2）が放送していた『タクシー』というニュース番組だった。

番組冒頭、黒いタートルネックのセーターに赤いスカーフを巻いてスツールに座った男が「ボンソワール」とあいさつする。するとタクシーのバックウインドーが大写しになる。パリの夜景をバックに今日のニュース項目がウインドーに流れ、男が語り出す。

「だから言っただろう、フランスの大統領のおつむはスカスカのクロワッサンだって。それを前提にこのニュースを聞いてくれ」

ニュース番組でありながら、語り口はまるでスタンドアップコメディだ。いかにもフランスらしいエスプリに満ちた番組だったが、政権批判が過激すぎて、2クールほどで終わってしまった。

新しいニュース番組にはこれくらい自由なノリがあってもいいんじゃないか。そう思って、僕は最初から枠にとらわれずコメントしようと考えていた。

メディアの役割は権力のチェック

枠にとらわれないといっても、ニュース番組である限りキャスターのコメントには一つの方向性が必要だ。どこに軸を置くか。ひと言でいえば、それは「反権力」だ。メディア、特にテレビや新聞報道の使命とは、時の権力を批判すること以外にはないと僕は信じている。マスメディアが体制と同じ位置に立てば、その国が亡びの道を歩むことは、第二次世界大戦時の大本営発表を例に出すまでもなく歴史が証明している。現政権がどんな政権であろうが、それにおもねるメディアは消えていくべきだ。

マスメディアは行政・立法・司法機関を監視し批判することが最大の仕事となる。もちろん、マスメディアも「第四の権力」として権力の一翼を担っていると言われれば否定はできない。だから批判は時に自身にも向けられなければならない。

とくに国営放送・公共放送に対して、民間放送は時の権力を批判するためにある。よく耳にする「公正・中立な」ニュース番組などあり得ない。なかでも政治ニュースを公正・中立に伝えることは不可能だ。取り上げるニュースを取捨選択する段階で、すでに公正を逸脱しているのだ。

だったら「この番組は反自民」とはっきり打ち出して情報を発信したほうがいい。それまでのニュースが「政府がこう決めました」と伝えるなら、『ニュースステーション』は「政府はこう決めたようですが、こんな方法もあったのではないか」と伝える。番組を始めるときは、極端にいえば「政府がすることは何でも批判しよう」というくらいの気持ちでいた。

当時の政権は自民党だったため、番組のスタンスは結果的にアンチ自民党になった。なぜ反自民かと問われれば、それは政権の座にあるからであり、それ以外に理由はない。共産党政権ならばアンチ共産党になる。

ここは揺るがない立脚点だった。だから僕のコメントは自民党政権が続く限り、自民党にとって耳障りなものとならざるを得なかった。

ただ、そのとき僕は真正面から批判するよりも、皮肉ったりからかったりと変化球で勝負する戦略を取った。学者や評論家、ジャーナリストが使わない言葉を使おうとすると、おのずからそうならざるを得なかったのだ。

コメントはトゲがなければつまらない。皮肉や揶揄は10人のうち二人が冗談と受け流し、8人は「何を言ってるんだ!」と興奮してくれたほうが面白い。そのためギリギリの刺激的な線を狙った。過激だがよく考えれば一理ある、荒唐無稽に聞こえて実はリアリティーがある、そんな発言で視聴者の反応を引き出したいと考えていた。

民主主義を真に理解している政治家ならば、メディアの役割を知っていなければならない。政治家になった以上は、メディアの矢面に立つことは宿命であり、重要な仕事でもある。しかし、僕のひと言コメントやパフォーマンスは自民党の反感、反発を買い、「捨てぜりふ」「悪ふざけ」「ニュースのショーアップ」などと批判された。

中曽根首相の地元で取材拒否

『ニュースステーション』が始まった1985年当時は中曽根政権だった。82年に首相の座に就いた中曽根康弘さんは、演出家の浅利慶太さんを起用してスピーチの方法から所作振る舞いの仕方を習い、レーガン米大統領を別荘に招いて法螺貝を吹いたりお茶をたてたりというテレビを意識したパフォーマンスで国民にアピールした。

靖国神社公式参拝や戦後歴史教育の見直しなど、復古的な姿勢を打ち出す中曽根政権に対して、僕は事あるごとに批判的コメントをした。

中曽根さんから僕は「不倶戴天の敵」と見なされたのだろう。86年のダブル選挙で中曽根さんの地元・群馬の選挙区を訪れたときは完全に取材を拒否され、全メディアの中で僕だけが選挙事務所に近づくことさえ許されなかった。

記者会見にも出席できず、遠くからマイクを差し出すだけ。それが、また「いい絵」になった。「仲間はずれの久米宏」という状況が一目瞭然。こんなおいしい映像はない、と僕は内心、快哉を叫んでいた。

番組開始当初、政治家がゲスト出演したとき、僕がインタビューを始める際の枕詞は決まっていた。

「すみません、僕は政治の素人なもので……」

何も知らない、何もわからないということは、何を聞いても許されるということだ。タブーになっていることにも切り込める。その意味で、報道現場を知らないことは、むしろ僕の強みだった。

中学生がこのニュースを聞いたらどう感じるか。物事を一番シンプルにベースまで掘り下げて考えると何が問題なのか。そんな意識を持ってインタビューに臨んだ。

番組の中でハマコーこと浜田幸一（はまだこういち）さんが、こんな発言をしたことがあった。

「こういうことを言っても、国民にはわからないと思うんですが……」

僕は思わずカッとして言葉を荒らげた。

「政治家が国民にわからないことを言っていいんですか？　政治家こそ国民にわかるようにしゃべらなければいけないのではないですか！」

ダブル選挙で自民党が圧勝した直後、総裁選に立候補するかどうかが注目されていた宮澤喜一さんと竹下登さんをスタジオに迎えたときは、いきなり二人にこんな言葉を向けた。

「宮澤さんはまだ総裁選に正式に立候補されていないわけですが、闘志はおありですよね」

「竹下さん、いつも手順が決まったら、手順が決まったら……そんなこと言っているうちに下から追い越されてしまいますよ」
政治の素人ゆえにできた質問だった。

日本が再び戦争をしないように

インタビューに答える政治家がニコニコ笑っていたら、その番組は信じるに値しない。他の番組で機嫌のよかった政治家が自分の質問で苦々しい表情になると、僕はそれだけでうれしくなった。そして、そんな表情を引き出すための質問を考えた。

ポスト中曽根をめぐって政界は戦国乱世のごとき状況を呈したが、結局、竹下さんが次期首相となった。

消費税導入を進める竹下政権を『ニュースステーション』は一貫して批判した。自民党は僕を「消費税反対派」として目の敵にしたが、僕は消費税について反対したのではなく、自民党の公約違反を批判したのだ。

１９８６年の選挙で中曽根首相は「直間比率の見直しをしなければいけないが、大型間接税は実施しない」と約束して自民党を大勝に導いた。しかし竹下政権になった途端、いきなり大型間接税を導入すると言い出した。

欧米の例を見ても直間比率の見直しは必要であり、僕は消費税導入には反対ではなかった。しかし公約を守るのは政治家の使命であり、国民に嘘をついてはならない。番組では「自民党が間接税を導入したいなら、それを公約にもう一度選挙をすべきだ」と訴えた。

変化球ではなく、直球で批判したことも少なからずある。

88年5月、奥野誠亮（おくのせいすけ）国土庁長官が「大東亜戦争で日本には侵略の意図はなかった」という主旨の発言をして批判を浴び、大臣を辞任した。辞任会見で「マスコミはマッチポンプだ。国益を考えてもらいたい」と発言した。

コメンテーターの小林さんは「マッチを擦ったのは奥野長官で、マスコミではない」とコメントし、僕はこう言った。

「ジャーナリストは国益を考えてはいけないんです。それで第二次世界大戦の悲劇を生んだんですから。ジャーナリストは真実だけを考えればいいんです」

『ニュースステーション』を始めるに当たっては、自分なりの青臭い目標が二つあった。一つは、僕たちは自由に発言し行動していいという生き方を伝えること。そしてもう一つは、自分が生きているうちに日本が再び戦争をしないようにすることだ。

だから中曽根政権の防衛費GNP比1％枠突破や、海部政権の自衛隊ペルシャ湾派遣、小泉政権の自衛隊イラク派遣などには最後まで真正面から批判した。その軸がぶれることはなかった。

進む「政治のテレビ化」

この当時の時代状況を眺めると、１９８０年代末から90年代前半にかけて国内外では戦後の構造を根底から覆すような出来事が立て続けに起こった。

中国で民主化を求める学生たちを武力鎮圧した天安門事件、アメリカを中心とする多国籍軍とイラクが戦った湾岸戦争、「ベルリンの壁」崩壊に象徴される冷戦の終結と東欧の民主化、東西ドイツの統一とソ連の崩壊――。

１９４４年７月に生まれた僕は自分のことを「歩く戦後史」と呼んできたが、その僕から見ても天地がひっくり返るような事態だった。『ニュースステーション』が始まったとき、ベルリンの壁が崩壊し、ソ連がなくなるなんて誰が予想し得ただろう。来るべき歴史の大転換をまるで知っていたかのように、『ニュースステーション』は始まった。番組に合わせたような時代の大転換は奇跡だったのかもしれない。

一方、日本国内は昭和から平成に移り、初の消費税導入、バブル経済の崩壊、自衛隊初の海外派遣、細川連立政権誕生による自民党一党支配の崩壊と、やはり戦後続いた体制が大きく転換した。そして、戦後50年となる95年には阪神・淡路大震災と地下鉄サリン事件という戦後史に深く刻まれる出来事が起こる。

社会の激変に呼応するように、この間、テレビでは多くの情報番組、報道番組が誕生した。TBSの『サンデーモーニング』『ブロードキャスター』、テレビ朝日の『サンデープロジェクト』『ザ・スクープ』……。

ワイドショーでも政治や経済、国際情勢が取り上げられるようになり、報道番組、情報番組、ワイドショーの区別があいまいになっていった。そして80年代末からニュースの情報源として、テレビが圧倒的に優位を占めてくる。

この時期、「テレビと政治の関係」が大きく変わった。

88年には戦後最大の贈収賄事件と言われるリクルート事件が発覚し、元首相や現役閣僚、野党政治家にも疑惑が広がり、マスコミの政治批判は勢いを増した。一方、日本社会党委員長の土井たか子さんが積極的にテレビに出演し、89年の参院選では土井ブームとマドンナ旋風で与野党が逆転した。

自民党内の分裂と野党を巻き込んだ激烈なバトルが展開したこの時期から、政治家たちは名前と顔を売ろうと競うようにテレビに出演し、論戦を繰り広げるようになる。テレビ局にとっては、こうした政治家同士の激突や、司会者が政治家に迫るインタビューは高視聴率を稼ぐ格好の素材となり、「政治のテレビ化」が急速に進むことになった。『ニュースステーション』はいつの間にかその渦の中心にいて、やがて政治に巻き込まれていく。

上◯ソビエト連邦最後の最高指導者、ミハイル・ゴルバチョフ氏（写真提供：テレビ朝日）／中◯ロシア連邦初代大統領、ボリス・エリツィン氏。クレムリンにて／下◯パレスチナ自治政府初代大統領、ヤーセル・アラファト氏

定規のチャンバラが真剣に

『ニュースステーション』の平均視聴率が15％台の壁を破ったのは、実はＴＢＳが１９８７年に『プライムタイム』のキャンペーンを展開してからだった。『ＮＨＫニュースＴＯＤＡＹ』の視聴率は当初15％前後と健闘していたものの、『ニュースステーション』は89年1月から3カ月間の平均視聴率が20％の大台に迫る勢いを見せ、抜群の強さを誇っていた。

ニュース番組の視聴率で民放がＮＨＫを上回ることなど放送史上、例を見ないことだった。テレビ朝日や番組スタッフはその成功を喜ぶ一方で、少々うろたえてもいた。スタート当初は「反ＮＨＫ」「打倒！　ＮＣ９」という意気込みで臨んだ。ところが、視聴率20％が普通になり、ピーク時は30％に達し、15％ならば「落ちてきた」といわれるようになってからは事情が変わってきた。

ニュース番組としてＮＨＫが正攻法、直球、定石の正規軍とすれば、一介のタレントを軸に据えた『ニュースステーション』は奇襲、変化球、搦め手のゲリラだ。ゲリラが正規軍に勝ったらコトだろう。

ゲリラはいくら頑張っても「トウロウの斧」にすぎないところに面白みと存在価値

がある。カマキリがゴジラになったらつまらない。つまらないと同時に恐ろしいことでもある。いってみれば、定規でチャンバラをしているような気持ちで始めたのに、いつの間にか真剣を握っていたようなものだ。こちらも切るかもしれないが、ヘタをすると切られる危険性がある。

89年4月発行の週刊情報誌『ダカーポ』の「好きな文化人、嫌いな文化人」という企画で、僕は「好きな文化人」1位に選ばれた。また89年11月、首都圏の大学生千人を対象にしたアンケート調査では、「好きなキャスター」も「嫌いなキャスター」も断トツの1位となった。女性キャスターの人気ナンバーワンは小宮悦子さん。

要するに、80年代末から『ニュースステーション』は、それだけマスコミや世間の注目を一手に集める存在となっていた。

殺される覚悟

視聴率が15%を超えたあたりから、番組を見ている人数だけではなく、その層がぐんと広がったことを実感した。それはまず、街を歩いているときに肌感覚で気がついた。

それまで街なかで「久米さーん」と声をかけてくるのは、だいたい『ザ・ベストテン』を見ているような若い女性や子どもたちだ。それが、気がつくと人品卑しからぬ背広姿のおじさんたちから「いつも拝見しています」と挨拶されるようになった。評論家や学者といった「専門家」も番組を見るようになっていた。

同時に視聴者の反応にあれっ？　と思うことが増えてきた。つまり、それまでの冗談が通じなくなってきたのだ。たとえば各局の「ニュース戦争」について、僕は隣の小林さんにこんな言葉をかけたことがある。

「世の中、こんなニュース番組ばかりになると、面白くなくなっちゃうと思いませんか。そうなったら、この『ニュースステーション』をやめちゃってもいいんですけどね」

さっそくテレビ局に抗議と問い合わせの電話が殺到した。

「毎回、この番組を一生懸命に見ているのに、何という発言をするのか！」

「やめてしまうというのは本当でしょうか⁉」

あるいは自民党の後継総裁選のとき。1987年10月のポスト中曽根の候補者には「安竹宮」の3人がいたのに、89年6月の際は有力閣僚が軒並みリクルート事件に関与して誰も後継者が見当たらなかった。このとき、

「この際、〝毒を食らわば皿まで〟で、中曽根さんになってもらうのがいいんじゃないですかね」

と言ったら、またも鳴りやまぬ電話。番組中に「抗議の電話が殺到しています」と伝えることになった。まだインターネットが普及していない時代。今ならば毎晩、炎上していたのではないか。

脅迫状もテレビ局や所属事務所宛てにたびたび送られてきた。内容は「殺してやる」「一家皆殺しだ」――。白い粉が送られてきたり、鳥や猫の死骸が自宅玄関前に捨てられていたりしたこともあった。こうした脅迫行為については当時、公にはしていない。愉快犯や便乗犯を招くだけだからだ。

僕は『ニュースステーション』を始めるときに、殺される覚悟をした。言いたいこと、言うべきことは言おう。言いたいことを言えば僕を殺したいと思う人間が出てくるかもしれない。しかし、それで殺されても仕方がない。殺されるのが怖いからといって口をつぐむことはするまいと思った。

脅迫状には国粋主義グループからのものも含まれていた。1987年5月には朝日新聞阪神支局が襲撃されて新聞記者二人が殺傷されている。何が起こるか予測できない。警察が自宅周辺を巡回するようになった。

さらにボディガードも雇った。これが筋骨隆々でGIカットの「いかにも」という男性。トイレまで付いてきて、便器その他を念入りにチェックしてから「どうぞ」。自宅を出てから帰るまでぴったり同行する日々が1年近く続いた。90年代には手紙や小包の開封時に爆発する「郵便爆弾」による事件が相次ぎ、周辺はいっそうの緊張を強いられた。

今でいえばストーカー行為にも遭った。テレビ局から自宅まで車で追尾されたこともある。自宅前での記念撮影やピンポンダッシュは数知れない。たまりかねて木の表札を削って名前を消したら、子どもの字で「くめひろし」とボールペンで書かれた。このときは、なんだかとてもおかしかった。

横綱の降格は許されない

午後10時台のニュース番組から撤退したTBSは1989年10月から、午後11時からのニュース番組『筑紫哲也NEWS23』（以下『NEWS23』）をスタートさせ、再度『ニュースステーション』に挑戦してきた。といっても、今度は開始時間をずらしていたので、真っ向からの勝負ではない。同じ午後11時からの時間帯にはフジテレビも参戦することになり、「報道の時代」は大きな潮流となった。

『NEWS23』がスタートしたときは、正直ホッとした。『ニュースステーション』はニュース番組としては規格外だ。ゲリラとして奮闘してきたこちらとしては、民放にも正規軍が一つはほしいと思っていた。筑紫さんが直球の報道番組を送り出してくれれば、こちらはこれまで通りゲリラとして思い切った番組づくりができる。NHKが午後9時からストレートニュースを続けていたことも、同じ意味で好都合だった。NHKが昔ながらの生真面目なニュースを流してくれるうちは、『ニュースステーション』の面白さが引き立つ。こちらはあくまでサブカルチャーだ。権威になると、自由に身動きできなくなる恐れがある。

ところが、いったん横綱になった身に降格は許されなかった。当初のようにトップニュースは朝日新聞一面とはかぶらないほうがいい、ビッグニュースはNHKに任せればいい、というわけにもいかなくなってきた。

さらに93年春、NHKが午後9時からのキャスターによる大型ニュース枠を終えると、こちらも社会的責任を意識せざるを得なくなった。こちらがNHKに代わって基本的なニュースを伝えなければいけないのでは、というプレッシャーを感じ始めたのだ。

視聴者のニュースの見方も、まず10時からの『ニュースステーション』で概要を頭に入れてから、午後11時からの『NEWS23』や『NNNきょうの出来事』を見るというふうに変化した。いわば『ニュースステーション』が教科書、それ以後は参考書という位置づけだ。僕が当初イメージしていたニュースショー的な番組が、予想以上に正統派路線に移っていった。

こうした変化は番組の内容にも微妙に影響を与えた。低視聴率のときは、企画や小道具にしても思いもつかないアイデアが苦し紛れで飛び出していた。しかし安定した高視聴率の下では、その必要性もない。手を抜いたと思った日でも視聴率が20%を超えると、拍子抜けして冒険心が損なわれていく。先頭に立つと、それだけ風圧を感じてコメント一つにも慎重になった。

番組は右肩上がりの成長期から成熟期を迎えつつあった。

素人から半ジャーナリストへ

変化は僕自身にも起こった。たとえば、選挙報道を通じて政治が面白くなり、いつの間にか政治ウォッチャーになって、予算や国会、国対政治のシステムに習熟するようになっていた。

開始から2年ほど経つと、すでに半専門家、半ジャーナリストのようになり、武器にしていた「政治の素人なもので……」という枕詞が通じなくなってきた。相手が「しらじらしい」とばかりに怒るようになったのだ。

多少なりとも知恵がつくと、発言が慎重になり鈍くなる。知れば知るほど言えなくなることが増えてくる。だからといって知らなくていいということにはならない。

番組を続けていると、どうしても政治家や秘書と顔見知りになる。しかし僕は彼らとはいっさい付き合わなかった。マスコミへの政治的圧力とは具体的な脅しや暴力よりも、往往にして今の仕事がやりにくくなるという形で来る。たとえば「自民党の部会で久米さんの発言が問題になっていましたよ」という情報を与えるだけで自己規制を促すことができる。

僕は自由な立場を保つため、周りから入ってくる「雑音」を遮断して、政治家、経済人、業界人を含めて人間的なパイプをつくらないようにした。飲み会やパーティーにも出席せず、テレビ局と自宅を往復した。

そんな僕のスタイルを筑紫さんは「修行僧のようだ」と表現したことがある。僕からすれば、本番前にパーティーに出たり芝居を見たりしていた筑紫さんのほうがよっぽど驚嘆に値した。

僕が自分なりのスタイルを保つことができたのには、コメンテーターの小林一喜さんの存在が大きかった。小林さんは僕が繰り出す皮肉や冗談、揶揄に対してうなずいてくれたり、たしなめたり、注釈を入れたりと絶妙の間合いで応じてくれた。

テレビ出演は初めてだった小林さんは天性のテレビ人間だった。社会部出身でロンドン特派員の経験もある。社会部案件に関しても過去の判例をよく記憶されていて、踏み込んだ説明に説得力があった。

視聴率が低迷していた時期、小林さんは毎晩、若手スタッフを飲みに連れだし、「圧勝だ、圧勝だ」と連発していたという。みんないぶかしみつつも実は勇気づけられていたのだと思う。スタッフたちは、ありとあらゆる問題を小林さんに相談していた。だから1991年2月に亡くなられたときのショックは大きかった。長い間体調を崩しておられたので覚悟はしていたが、自宅で訃報の電話を受けたときは腰が抜けた。56歳だった。毎晩、お酒を飲んで、本当はご本人がストレスを溜め込んでいたのではないか、何を言うかわからない僕の隣で実は必要以上に緊張していたのではないか、そんな思いに沈んだ。

亡くなる1カ月ほど前、湾岸戦争の開戦を受け、「NO MORE WAR 一日も早い平和を」と書かれたファックスが小林さんからスタッフに送られてきた。それが僕たちへの最後の言葉だった。

小林さんの後のコメンテーターは歴代、朝日新聞の編集委員の方たちが継いでいった。現場経験があり、専門知識を持つ彼らの存在が、番組に信頼性と安定感をもたらしていた。

梶山幹事長を怒らせた

『ニュースステーション』の発信力が高まるにつれて、自民党の番組に対する批判は激しさを増した。とくに1989年7月の参院選は、消費税問題やリクルート事件などを争点に自民党が歴史的大敗を喫したため、その憤激は反自民色の強い『ニュースステーション』に向けられた。

参院選の2日後、梶山静六通産大臣が都内のホテルで自動車業界首脳と非公式の懇談会を持った際、『ニュースステーション』のスポンサーだったトヨタ自動車に、「久米のひと言で票が減る。自民党政権の恩恵を最も受けているのは自動車業界だ。野党が政権をとったらどうなるのか」

と迫ったことが毎日新聞で報じられた。

その後、トヨタは実際に番組スポンサーを降りた。もしも政治家が企業に圧力をかけてスポンサーを降ろさせたことが事実ならば、大問題だ。そうした発言があったと報じられた以上、発言の真意を本人に確かめなければ番組の信頼に関わると僕は考えていた。

その機会は4年後に来た。1993年6月、幹事長に就任していた梶山さんが『ニュースステーション』に出演することになったのだ。しかし発言から4年が経過しており、視聴者はほとんど知らない話だけに、どのタイミングでどんな聞き方をするか前夜から考えた。

実際はさりげない話題の中に挟んで質問した。

「ずーっと釈然としなかったんですが、この際お聞きしていいですか」と前置きし、

「梶山さんが通産大臣のとき、自動車メーカーのトップを集めて『ニュースステーション』のスポンサーを降りるよう求めたという報道が過去にあったんですが、それは本当のことでしょうか？」

突然の質問に対し梶山さんは、むっと顔色を変えた。「そんなことはありません」とひと言を返した。汗をびっしょりかき、インタビューが終わってスタジオを出るときは、ゴミ箱を蹴り飛ばさんばかりの怒りようだった。感情を表に出す正直な人だと思った。

反権力は『ニュースステーション』を始めるに当たってのスタンスではあった。ところが一方で、僕は根っからのテレビタレントでもある。だから、僕の番組に出演していただく以上は、政治家でもタレントでも、その人の人間的な魅力を引き出したいという思いがある。それはニュース番組でも変わらぬ信条だった。

矛盾しているのかもしれないが、そこはテレビタレントとしての性であり、僕がジャーナリストではない最大の理由ともいえる。

視聴者には番組に出演した政治家の新しい横顔を発見したと思ってほしい。「いい人だと思っていたのに、こんな嫌なヤツだったんだ」でもいい。それは、その政治家

にとって結果的にマイナスとはならない、この番組に出て自分は得したと思ってくれるはずだ、という確信が僕にはあった。

たとえば梶山さんの場合、悪代官のような役回りで番組に出演し、不愉快極まりない顔でスタジオを後にした。しかし普通は遠慮して聞けない質問をする僕を気に入ってくれたのか、それ以後、何度も番組に出演してくれた。

1992年7月には、当時の自民党・山下徳夫（やましたとくお）厚生大臣の発言が物議を醸した。ある代議士の激励会で、国連平和維持活動（PKO）協力法の報道に関してこう語った。

「久米宏というのがいるが、あの連中が毎日言っているから、世論もPKOに悪い印象を持つようになる。番組のスポンサーの製品を買わないくらいのことを、党としてもやる必要があるのではないか」

こうした発言が物議を醸すたびに、僕自身は内心喜んでいた。現役の大臣や幹事長が、タダで番組の宣伝をしてくれるのだから、こんなにありがたいことはない。批判も立派な宣伝だ。悪口さえ言われなくなったらおしまいだと思っていた。

久米・田原連立政権

政治とカネをめぐって批判を浴びた自民党の支持率が急落する中で、元熊本県知事の細川護熙さんが１９９２年５月、『文藝春秋』誌上で「『自由社会連合』結党宣言」という論文を発表した。議員候補を公募で選んだり、女性の政治参加を促す制度を導入したり、既成の政治、政党を打破して日本に新しい政治体制を打ち立てる新党の結党宣言だった。

番組スタッフに促されて読んでみると、なかなか面白い。すぐに細川さんをゲストに呼んで話を聞いた。そのときは単なる打ち上げ花火だと思っていたら、ほどなく「日本新党」が立ち上がり、あれよあれよという間に７月の参院選では細川さんや小池百合子さんらが４議席を獲得した。

それから自民党が分裂し、新党ブームの追い風を受けて１９９３年７月の総選挙で日本新党が大躍進した。翌８月に細川さんを首班とする連立政権が誕生する。戦後日本の政治体制を支配した55年体制は崩壊し、結党以来38年にわたる自民党の一党支配は終わりを告げた。

この政権は一部では「久米・田原連立政権」と呼ばれた。『ニュースステーション』は反自民色に加え、日本新党に肩入れしたと見なされた。またジャーナリストの田原総一朗さんは、『総理と語る』という番組で、宮澤喜一首相から「政治改革は責任をもってする。私は嘘をついたことがない」との発言を引き出した。この発言は政治改革ができなかった宮澤首相を結果的に「嘘つき」にし、政権崩壊の大きな引き金となったとされた。

まさに政治とテレビの関係を象徴する現象だった。この時期から『サンデープロジェクト』をはじめ報道番組に出演した政治家の発言が、新聞の政治面に直接引用されるようになっていた。政治家もそれを計算してテレビで発言するようになる。

僕自身、細川さんが首相になって国際会議におしゃれなマフラー姿で参加する映像を見たときは、細川さんが徹底的にテレビを意識していたことを再認識した。立ったままの記者会見やプロンプターの導入など、新たなスタイルがメディアに取り上げられた。

テレビが政治を動かすだけでなく、政治にテレビが動かされる中で自民党政権は崩壊した。テレビ朝日の椿貞良（つばきさだよし）報道局長による、いわゆる「椿事件」はそんな状況下で起き、僕もその事件に巻き込まれることになった。

椿事件に巻き込まれる

まず選挙後、民放各社の選挙番組担当者が集まった慰労会の席で、椿さんが勢いづいて「細川政権は久米宏と田原総一朗がつくった政権だ」と語った。さらに１９９３年９月、日本民間放送連盟の放送番組調査会で講演した際に、

「ここ2、3年、(自民党の)『ニュースステーション』と久米宏に対する風当たりは本当にひどい。ヒステリックというよりは暴力的だった」

と前述の梶山発言や山下発言を取り上げた。幹事長室への記者立ち入り禁止や、選挙期間中の幹事長のテレビ朝日出演拒否など、自民党によるテレビ朝日への圧力を具体的に挙げたうえでこう言った。

「すべてのニュースとか選挙放送を通じて、55年体制を今度は絶対突き崩さないとダメなんだという、まなじりを決して今度の選挙報道に当たった」

こうした発言を自民党が「非自民党政権の誕生を促す報道をするよう現場に指示した」と問題視し、各メディアも批判的に報じた。

最初にこの「椿発言」を聞いたときは、スタッフたちと大笑いした。椿さんによると、自民党から番組に大きな圧力がかかったことになっているが、僕自身はそれまでプロデューサーなどから「発言を少し抑えてくれ」とか「表現をもっと控えめに」といった注意や警告を受けたことは一度もなかった。

それ以前に僕が椿さんと言葉を交わしたのはたった一度だけ、「相変わらず寒いですね」といった時候の挨拶だった。もともと番組の制作システム上、報道局長といえども現場に報道の方向性を指示することなどできない。

選挙報道に際して反権力のスタンスがなかったとは言わない。それは番組の基本姿勢だったからだ。しかし、僕たちは番組の視聴率がかなり高かったことに加え、自分たちが日本新党ブームに火を付けたという意識もあって、報道が一方に偏らないよういつも以上に神経質になっていた。だからこそ報道姿勢への批判は不本意だった。

ところが、事態が展開するうちに笑い話ではなくなってきた。椿さんは辞職して、国会での証人喚問が決定した。メディア界を揺るがす大問題に発展し、僕まで証人か参考人として国会に呼ばれそうな雲行きとなった。

「久米さん、国会見学なんて小学校以来でしょ」

とからかう者もいた。僕にはまったく身に覚えのない話であり、潔白を証明するためには証人喚問でも参考人でも呼んでくれと思っていた。

キャスターではなく競走馬

椿さんの証人喚問に対して民放のニュースキャスターたちが緊急の反対声明を出す動きがあり、僕にも参加の呼びかけがあった。僕自身は証人喚問について番組の中で「首をかしげざるを得ない」と批判している。しかし当事者の一人でもあり、キャスターとして名を連ねるのは遠慮したいと断った。

現場取材の経験がある人間が編集権を持って報道番組に関わるのが「ニュースキャ

スター」のあるべき姿だとすると、僕はそれに当てはまらない。僕は番組の進行にほとんどの神経を注ぎ、残りのわずかでニュースを理解し、コメントを考えていた。つまり司会者としてはプロでも、キャスターとしては素人だった。

テレビの中の僕の立場は、提供されたニュース素材をさばく進行役であり、番組をどう面白くわかりやすく見せるかに全精力を注ぎこんで毎日、前を見て走っている競走馬のようなものだ。

アメリカのCNNのインタビューに対して「私はエンターテイナーであり、コメディアンであり、MCだ」と答えたことがある。インタビュアーは最初、聞き間違えたかと思ったようだった。僕が歌番組の司会者をしていたことにも仰天していた。

しかし実際のところ、僕はテレビについてほとんどのことをタモリ、ビートたけし、明石家さんまといった優れたエンターテイナーたちから学んでいた。

むしろ僕の悩みは、番組を続けるうちに自分が中途半端なジャーナリストのようになり、「視聴者の代表」という視点と発想を失ってしまう点にあった。

「半ジャーナリストになってきたかな」と嫌な予感がしたのは、自民党の後藤田正晴さんの発した言葉を耳にしたときからだった。１９８６年のダブル選挙以来、後藤田さんには幾度も番組に出演して頂いていた。

その後藤田さんは、『ニュースステーション』に出演する予定の政治家に、「久米には気をつけたほうがいいぞ」と忠告したそうだ。

それを聞いて僕は「ああ、自分は政治家が警戒するような存在になってしまったのか」とショックを受けた。嫌われるのはいい。しかし「油断ならない存在」に見られるのは心外だった。それは自分が大事にしていた素人の感覚を忘れていることを意味していたからだ。

1994年から、僕は日本テレビのクイズ番組やTBSラジオなど、『ニュースステーション』以外の番組に出演し始める。それは初心に立ち返って自分を取り戻したいという思いの表れだったのかもしれない。

大きなミスだったダイオキシン問題

椿事件は僕がまったくあずかり知らぬところで生じた問題であり、僕としては完全なとばっちりだと受け止めていた。しかし、1999年2月の「所沢ダイオキシン報道問題」はそうではない。僕と番組に落ち度があり、テレビ朝日も番組も大きな打撃を受けた。

猛毒のダイオキシン問題を追及していた『ニュースステーション』は、特集で安全性が問題となっていた埼玉の所沢産の農作物について、民間調査機関による検査結果を独自に公表した。JA所沢がダイオキシン濃度の調査データを公表しなかったため、研究所が調査数値を知っているのなら報道すべきだと僕が主張したのだ。

検査結果を記したフリップには「野菜」と書かれ、高濃度の数値が出ている。それについて僕が調査機関の所長にした質問がまずかった。

久米「この野菜というのはホウレンソウと思っていいんですか」

所長「ホウレンソウがメインですけれども、葉っぱものですね」

久米「葉もの野菜」

翌日からスーパーなどで所沢産のホウレンソウなどの取り扱いをやめる動きが広がった。その後、データは煎茶のものと判明し、僕はその後、何度も番組で謝罪することになる。

「野菜としたのは適切ではなく、農作物とすべきでした。そのため、すべてがホウレンソウと受け取られかねず、農家に大変なご迷惑をかけました。おわびします」

ダイオキシン問題を取材している担当ディレクターは、一人でVTRを編集し、フリップをつくっていた。事前にフリップの内容について僕が確認をしていれば問題は防げたかもしれない。だが駆けずり回っている担当者とは打ち合わせの時間さえなかった。

反省点は、ダイオキシン問題がどんどん大きくなっていたにもかかわらず、担当者一人がすべてを抱え込んでいたことにある。専門知識や情報ルートが担当者一人に集中したため、誰も彼を補佐できなかったのだ。

この報道をめぐり被害を受けた農家が損害賠償などを求めて提訴した。請求は地裁と高裁では棄却されたが、2003年の最高裁判決ではテレビ朝日側の実質敗訴となり、差し戻し控訴審で和解が成立した。

しかし番組の追及によって、人々が漠然と不安を抱いていたダイオキシン問題が顕在化し、対応が後手に回っていた行政を動かすきっかけになったことは事実だ。実際、報道によって所沢から危険なゴミ焼却場は姿を消し、企業の廃棄物垂れ流しも改善した。

この問題で僕は『ニュースステーション』という番組の影響力の大きさをあらためて痛感した。放送した内容がたちまち現実に影響を及ぼす。だから、新製品や発明の紹介には、一企業を利することがないようずいぶん気を遣った。

テレビと政治の不義密通

『ニュースステーション』はスタート当初はある意味、無邪気な番組だったが、いつのまにかつくり手にとっても取り扱いが厄介なモンスターのような存在になっていた。

自民党は２００１年、「政治放送が公正・公平さを欠いていないかチェックする」ことを理由に「報道番組検証委員会」を設置した。要するにテレビ番組を監視する部署だ。その標的は主に田原総一朗さんの番組と『ニュースステーション』という見方が支配的だった。これは誇っていいことだろう。時の政権にチェックされないような報道番組はそもそも存在価値がない。

２００３年11月、『ニュースステーション』は、民主党による想定上の閣僚名簿の発表を受けて約30分間の特集を放送した。すると、自民党から「民主党に肩入れした」として党幹部の番組出演を拒否される事態に至った。テレビ朝日は「配慮に欠けた構成があり、反省すべき点があった」として報道局長ら幹部を処分した。

こうしてテレビと政治は緊張をはらんで対峙する一方、共犯関係ともいうべきいかがわしさを宿していく。

僕は21世紀に入ってしばらくして『ニュースステーション』をやめることになるが、やめた大きな理由が、この「政治とテレビの関係」にあったのかもしれないと今になって思う。番組をやめる大義名分は一応あったものの、僕は心身の奥底の部分で芯から消耗し疲弊していた。僕はいったい何に疲れていたのだろう。

一つのエピソードを例に挙げる。

テレビと政治の共犯関係が一つの頂点に達したのは、２００１年に始まった小泉政権下だった。小泉純一郎（こいずみじゅんいちろう）さんがマスコミを巧みに利用したその政治手法は、当のマスコミによって「テレビ政治」「劇場型政治」と呼ばれることになった。

小泉さんには自民党総裁選に泡沫（ほうまつ）候補として出馬するたびに『ニュースステーション』に出演して頂いた。その際、送り迎えにテレビ局が用意したハイヤーを小泉さんだけは断り、タクシーで行き帰りした。

秘書などお付きの人もいない。お歳暮やお中元を含めてすべての付け届けを送り主に返すという。そうしたふるまいが自民党内で「変人」呼ばわりされた理由でもあったのだろうが、僕はそうした政治家としての潔癖さに好感を抱いていた。

その小泉さんは2001年、田中眞紀子さんの協力を得て、大衆の圧倒的な支持をバックに総裁選に圧勝する。首相に就いた後も、テレビの扱いに天才的な能力を発揮した。テレビも「小泉劇場」の演出に加担して、その内閣支持率は歴代内閣のベストを記録する。

そこに生じた、テレビと政治のいわば「不義密通の関係」。それに対して僕は生理的な嫌悪感を覚えた。その嫌悪感は、マスコミに属する自分もその関係に必然的に取り込まれていることにも由来していたのだろう。だからこそ自分の芯の部分に疲れが蓄積していったのではないだろうか。

政治とテレビの関係に嫌な予感を覚えたことが、「そろそろ潮時だ」と決めるに至った原因ではなかったか。

映ったものが真実とは限らない

テレビで政治を見ていると、僕たちは何かわかったような気になってしまう。なぜわかったような気になるのか。テレビに映っているものをすべて見たからだ。ここにはテレビが本質的に持つ危険性、あるいは弱点があるように思う。

テレビには政治家の言葉、声、話しぶり、表情、立ち居振る舞いのすべてが映る。そこで自分が目にしたものは、とりあえず本当のことだと受け止める。本当のことをすべて見た自分は、映されたものを理解したと思い込む。

しかし、それは錯覚なのだ。確かに映っているものは、この世に存在する。しかし、存在するものを見たということは、それを理解したということにはならない。

それがテレビの最も危険な側面だ。テレビ映像は確かに見ている者の生理や潜在意識にまで訴える強い力を持つ。しかし、映ったものを見て「わかった」と思わせるところはテレビの落とし穴でもある。

テレビに出ると、政治家は隠し事ができない。それは一つの真理ではある。しかし、政治の真相はテレビには映らないということもまた真理だ。ニュース番組で政治評論家や記者が口にするコメントも一つの見方、考え方を示しているにすぎず、結局、何が真実かは僕たちにはわからない。

『ニュースステーション』はスタートから、テレビでなければできないニュース番組、映像を最大限利用したニュース番組であることを意識してきた。

しかし、その先がある。テレビに映ったからといってそれは真実ではない、映ったものをすべて見たからといって、それを理解したことにはならない、ということだ。

それに切実なかたちで気づいたのは、『ニュースステーション』から離れてから再び一視聴者となり、つくる側から見る側に立ってからだった。

第七章 『ニュースステーション』が終わるとき

初めての答えは生きた言葉になる

『ニューステーション』を続けていてよかったと心から思うのは、実にさまざまな人に会えたことだ。番組のおかげで、生涯会えるとは夢にも思わなかった人へのインタビューもかなった。

ラジオやテレビの番組で僕が最も多く経験したのはインタビューの仕事だ。1980年から87年まで司会を務めた『おしゃれ』は、一人あるいは一組のゲストに話を伺うトーク番組だったし、パーソナリティーを務めるラジオ番組でも多種多彩な人たちの話を聞いてきた。

インタビューで心がけていることは、これまで聞かれたことのない質問をして、相手が初めて語る話、初めて見せる表情を引き出すことだ。自分が取材を受けたときに身に染みて感じたことでもあるが、同じような質問に同じような答えを繰り返すことほどつまらないことはない。想像を超える問いがあってこそ、聞く側、答える側に新しい発見がある。

生まれて初めて聞かれたことなら、答える側はその場で真剣に考える。真剣に考えてこそ、その答えは命ある言葉、生きた言葉になる。その人の素顔が表れる。視聴者にとっては、その瞬間が最もスリリングで面白い。

　それは選挙特番における開票後の党首インタビューでも変わらなかった。各局が順番に同じような質問を繰り返していくため、答えるたびに言葉は鮮度を失う。だから順番が後ろのほうになったとき、僕は他局の質問内容をスタッフにメモしてもらい、それ以外の質問をするようにしていた。

　そうなると、たとえば「今朝、何を食べましたか？」くらいの質問しか残っていない。くだらないと思われるかもしれないが、僕はあえてそれを聞いた。

　すると、聞かれたほうは「え？」と一瞬ポカンとする。「今回の選挙の争点は？」といった質問なら何度も答えているが、開票当日の朝食メニューを聞かれるのは初めてだろう。すると「あれ、何食べたんだっけ？」と懸命に思い出そうとする。

「えっーと……シャケかな」

　どんなにつまらないと思える問いでも、ちゃんと考えて発した言葉のほうが、何度も口にした言葉よりも価値がある。

終戦時の長嶋茂雄少年

　インタビューをする際は自分なりの鉄則がある。それはメモをつくらないということだ。つまり質問する項目をあらかじめ用意しない。相手にもそうしたメモを渡さない。渡したときは、そこに書いてある質問は意地でもしない。

質問内容を相手にあらかじめ伝えて段取りに従うと、インタビューそのものが予定調和となって双方が緊張感をなくす。

質問は最初の一つ二つを考えておき、あとは成り行きに任せる。要するに雑談だ。雑談だから脱線を恐れない。一つのテーマに沿った会話など日常ではありえない。他愛のない話をして、それを見ていた人が感心したり考え込んだりする、そんなインタビューが僕の理想だった。

ただ、これが難しい。自然に言葉を交わすには相手を理解して心が通じ合わなければならない。僕は実はすごく人見知りだし、心配性でもある。インタビューの前にはできるだけ相手に関する資料をそろえ、せっせと頭に叩き込む。相手がベテラン作家のときなどは、その作品に目を通すだけでもひと仕事だ。

『ニュースステーション』の後半から始めた「最後の晩餐（ばんさん）」は、「明日死ぬとわかっていたら、あなたは最後に何を食べたいか」という質問を中心に、その人の死生観、人生観を探るコーナーだった。

長嶋茂雄（ながしましげお）さんをお招きしたことがある。その天才と人柄を伝える「長嶋伝説」はすでに巷にあふれている。僕は長嶋さんに関する資料のほとんどに目を通し、まだ話していない空白部分を探した。その一つが終戦時の体験だった。

1936年に千葉県印旛郡臼井町（現佐倉市）で生まれた長嶋さんが終戦を迎えたのは9歳のときだ。当時のひどい食糧難を食べ盛りの長嶋少年はいかにして乗り切ったのか。

僕の問いに長嶋さんは当時を思い出そうとした。いつもの流暢な話し方ではなく、「えーっと」と口ごもる。初めて見る話し方、初めて見る表情だった。

一杯のご飯にも事欠く時代だ。長嶋少年は夕食のおかずを求めて、毎日のように釣りをしていたという。長嶋さんはひもじかった当時の思い出をなつかしそうに語られた。

インタビューが終わった後、長嶋さんからは「こんな話をしたのは初めてですよ」という言葉を頂いた。

食にまつわる思い出には、その人の人生がにじみ出る。

レクター博士を怒らせた

ハリウッドのスターが新作のキャンペーンで来日し、各メディアが順番にインタビューする。仕事とはいえ、同じような質問に彼らは飽き飽きしているはずだ。ここでも誰も聞かなかったことを聞くのが僕の信条だった。

誰もしなかった質問とは、誰もが避けていた、あるいは遠慮して聞かなかった問いということでもある。すなわち相手を不快にさせる質問。僕はインタビュー相手の政治家をよく怒らせたが、同じように世界的な俳優も不機嫌にさせた。

フランスの大女優カトリーヌ・ドヌーヴのときは、

「飛行機では眠れなかったと聞いていますが、お疲れではないですか」と聞いたら、

「私はプロの女優ですから疲れたりしません。そんなことは聞かないでください」

カトリーヌ・ドヌーブの怒った顔を見たくないだろうか。僕は「今、このインタビューを見ている人はラッキーだぞ」と思っていた。

とことん怒らせたのが、イギリスの名優アンソニー・ホプキンスだった。

『羊たちの沈黙』（1991年）のハンニバル・レクター博士役で一躍有名になった彼は、それを機にイギリスからアメリカに移住した。イギリスではエリザベス・テイラーと結婚して渡米したリチャード・バートンに続いて「イギリスを捨てた名優」と見なされ、マスコミからは「お金でハリウッドに転んだ」と叩かれた。

『羊たちの沈黙』の続編『ハンニバル』（2001年）のキャンペーンのため来日していたホプキンスは朝から分刻みでインタビューを受け、『ニュースステーション』はその最後のほうだった。メディア嫌いで知られていた彼への最初の質問は、

上◯神宮球場にて、長嶋茂雄さんと談笑
下◯明治記念館にて、森繁久彌さんと対談

「ホプキンスさんはメディアがお嫌いということですが、どうしてこの番組に出ているのでしょうか?」

彼の機嫌は一気に悪くなり、現場は凍りついた。さらに、

『ハンニバル』で手にした史上最高の出演料を何に使うおつもりでしょうか?」

と尋ねたら、彼の答えは、

「余計なお世話だ」

質問は新作映画の件に限るとのことだったが、ここは思いきって聞くしかない。

「イギリスの名優がお金に目がくらみハリウッドに渡ったという評判がロンドンで立っているのをご存じですか?」

名優の頭から湯気が出ているのがわかった。当然、その悪評を知らないはずがない。いや、本人が一番よく知っているはずだ。もうこうなったら最後まで突っ走るしかない。「最後の晩餐」の趣向として尋ねなければならないことがある。

「ホプキンスさんは明日死ぬとしたら、死ぬ前に何を食べたいでしょうか?」

そう聞いたら、「くだらない質問をするな」とばかりに目をグワッとむいて、すごい迫力でこちらをにらみつけた。

「最後に食べたいのはこれだ」

と言って、テーブルの花瓶に飾った花を食らわんばかりに指さした。まるでレクター

博士のように。

最高だ！　僕は心の中で拍手喝采していた。最後に握手を求めると、彼は目を合わせずに手だけ差し出すパフォーマンスをして去っていった。

〝人喰いレクター〟を演じた彼はキャンペーン中、相次ぐ食べ物に関する質問にウンザリし、来日時は「食に関する質問はNG」という暗黙の了解があったそうだ。そんなことをまったく知らない僕は、地雷を踏みまくっていたことになる。

ジェーン・フォンダのパンタロン

『おしゃれ』でジェーン・フォンダに話を聞く機会があった。僕は彼女の父親のヘンリー・フォンダの大ファン。彼の映画はすべて見ていた。この父娘は長く不仲にあったが、映画『黄昏（たそがれ）』（1981年）で確執を乗り越える父と娘を演じ、実生活でも和解に至る。

「お父さんのヘンリー・フォンダさん、僕は大好きなんです」

インタビューはそんな話から入った。

目の前の彼女がはいていたパンタロンに見覚えがあった。原発の危険性を告発した映画『チャイナ・シンドローム』（1979年）の中で彼女がはいていたものではないか。膝小僧のところにカギ裂きがあり、繕ってあるのが見えた。思いきって尋ねてみた。

「今、はいていらっしゃるパンタロンは、『チャイナ・シンドローム』の中であなたがはいていたものじゃありませんか?」

「ええ、そうよ」

大当たりだ!

「ここ、カギ裂きがありますね」

「そうなのよ。これ、撮影中に破れてしまったんだけど、気に入っているから直してはいているの」

大女優がカギ裂きのできた衣装をもらって、それを直してはいている。そのことをまったく隠すことなく、淡々と話してくれる。素敵な女性だと思った。

それにしても僕はそのとき、よく映画のパンタロンだと気がついたと思う。そして、よく尋ねたと思う。「違うわよ」と言われたらそれきりだが、「そうなの」という答えが返ってきたときのうれしさ。忘れられないインタビューとなった。

彼女自身、そんなことを指摘されたのは初めてだったのだろう。僕のことを信用してくれたのか、ハリウッドに戻って「ミスター・クメのインタビューは受けたほうがいい」と映画会社や俳優仲間に話してくれたようだ。

ロバート・デ・ニーロに『ニュースステーション』でインタビューしたときに、「ジェーン・フォンダから聞いて、この番組に出ることにしたんだ」と話してくれた。

イヴ・モンタンとマストロヤンニ

僕のインタビュー史において特筆すべきお相手が二人いる。いずれも青春時代にスクリーンで出会い、胸を震わせた名優。

一人はイヴ・モンタン（1921〜1991年）だ。「枯葉」を歌ったシャンソン歌手のイヴ・モンタンは、僕にとってはまず大好きな映画俳優だった。ギリシャ人のコスタ・ガヴラス監督の反体制映画に数多く主演していた彼を、僕は高校から大学時代にかけて熱い思いで見つめていた。彼がパートナーと暮らしていた南仏コートダジュールのエズという村を訪れたこともある。

その憧れの俳優が1989年9月、東京国際映画祭の国際部門の審査委員長として来日した。同伴した40歳近く年下の恋人を報道陣が「ご夫人」と表現すると、「まだ夫人じゃないよ。同居はしているけれど」。6月に中国で起こった民主化運動（天安門事件）の支持については「民主化擁護は自由人として当然のことだ」。変わっていなかった。

インタビューができるという。僕はその日、胸がときめき、気もそぞろだった。予定の時間よりも遅れてタキシード姿の彼がスタジオに入ってきた。直前にフランス大使館で開かれたパーティーに出席し、ワインを少々飲んできたようだ。見た瞬間、「本物だ」と思った。あのイヴ・モンタンが立っている。かっこいい、という言葉では言い尽くせない。まるで映画の一シーンのようだ。

時間が押してインタビューをする時間はほとんどない。僕は歩いて近づいていった。立ったまま一言二言、言葉を交わした。何を話したかは覚えていない。僕はただ、あのイヴ・モンタンと言葉を交わしている自分に感動していた。

もう一人は、マルチェロ・マストロヤンニ（1924〜1996年）。彼が没落貴族を演じたコメディ『イタリア式離婚狂想曲』（1961年）は繰り返し見た。ちょっと難解な『8½』や『甘い生活』とは異なる風刺喜劇。舌を巻くほどうまい。この人は本物だと心酔した。

僕が会えたのは、マストロヤンニが亡くなる1年か2年前。彼は手が震え、座っているのがやっとという状態だった。

ドキドキしながら演技の心得について聞いてみた。

「演技？　そんなことは考えたこともないよ。撮影所に行くだろ。弁護士の役ですと言われて、スーツを着てネクタイを締めるだろ。弁護士の役だから、観客は私を弁護士だと思ってくれる。どこに演技をする必要があるんだ？」

シビれた。ほかならぬマストロヤンニがそう言うのだ。なるほど、としか言えない。

「今、お仕事のほかには何が楽しみなんでしょうか？」

と聞いたら、僕の目をまっすぐ見て、

「決まってるじゃないか。酒、女」

僕はもう小躍りしたい気分だった。さすがイタリア人！

第二次世界大戦中、イタリアの兵士だったマストロヤンニは捕虜収容所から脱出し、ベネチアに隠れ住んだ経験をしている。その話は決め球として取っておいたのだが、すっかり舞い上がって忘れてしまった。

もう十分だ。マストロヤンニにインタビューできて、しかも手を震わせながら「酒、女」と来た。

インタビュー後、僕は色紙を差し出し、サインをお願いした。

スポーツは人生を豊かにする

『ニュースステーション』で味わった喜びのもう一つはスポーツだ。『ニュースステーション』では当初からスポーツ報道に力を入れ、番組の後半の多くをスポーツに費やした。

スポーツは僕たちの生活にとって考えている以上に重要な存在だ。ひいきのプロ野球チームの観戦をしたり、ファン同士で熱く語らい合ったり、試合結果に一喜一憂したり。いかにスポーツが自分たちの人生を豊かにしているか。ふさぎがちな日も「阪神が勝った!」で、ほとんどのウサが吹き飛ぶほどの力をスポーツは持っている。

もちろん、政治も重要だ。では人々の生活の向上のために、政治とスポーツのどちらが大切かというと、順番が付けられないくらいスポーツは人々の幸せに大きな役割を果たしている。試合の結果も総理大臣の談話と同じくらいに重要なのだ。

テレビはスポーツの面白さを伝えるためにとても有利なメディアといえる。試合や競技のプロセスを生放送で刻々伝えることができるうえ、ストップや再生、スローモーションといった映像技術によって、スポーツの魅力を多角的に伝えることができる。つまりテレビがその機能を最大限に発揮できるジャンルがスポーツなのだ。

僕は番組が始まる前からスポーツ担当のスタッフやアナウンサーを交え、「スポーツはなぜ重要か」「スポーツをいかに楽しく伝えるか」を徹底的に議論した。そして、スポーツの大切さを視聴者に伝えよう、そのための時間をたっぷり取ろうという方針を共有した。

プロ野球の恒例企画なら、2月には「キャンプフラッシュ」、3月は「順位予想」、

10月は「日本シリーズ予想と解説」。『ニュースステーション』において、最初から最後まで一貫して方向性が変わっていないのは、スポーツコーナーだった。

その方向性の一つに、まずマイナー路線があった。要するに判官びいきだ。たとえば当時のプロ野球といえば、セ・リーグの巨人戦だけにスポットが当たり、パ・リーグは見向きもされなかった。プロ野球の当日の全試合速報は今でこそ当たり前となっているが、『ニュースステーション』はセ・パ両リーグを区別せず、全球団を平等に速報した。

『パ・リーグを見にいこうキャンペーン』という企画を立ち上げたこともある。ディレクター陣がパ・リーグの魅力を売り込む「30秒ＣＭ」を競作した。

あるいは、球団名からスポンサー企業の名前を外すことにした。「読売対中日」ではなく「ジャイアンツ対ドラゴンズ」。「西武対日本ハム」ではなく「ライオンズ対ファイターズ」。

球団はファンのものであり、スポンサー会社のものではない。スポーツを企業主体で商業化、広告塔化するべきではないと考えた。海外を見ても、メジャーの球団は「ニューヨーク・ヤンキース」「ロサンゼルス・ドジャース」と地域名＋愛称だ。この呼称スタイルはのちにＪリーグも採用することになる。

結果的に『ニュースステーション』の歴代視聴率のトップスリーは、すべてプロ野球中継が占めることになった。

第1位は1994年の日本シリーズ「西武対巨人」戦(「ライオンズ対ジャイアンツ」戦ではなくてすみません)の終了後で34・8%。第2位は95年の日本シリーズ「ヤクルト対オリックス」戦の終了後で31・9%。第3位は88年のパ・リーグ優勝決定試合の「ロッテ対近鉄」戦で30・9%だった。

ロッテ-近鉄戦を中継せよ

なかでも「10・19の熱闘」として伝えられる1988年10月19日のロッテ対近鉄戦は、球史に残る名勝負であると同時に、番組の歴史にも刻まれるスポーツ中継となった。

この年のパ・リーグのペナントレースは、西武と近鉄が激しい首位争いを繰り広げ、大詰めを迎えていた。

この日、西武はすでに全試合を終え、僅差で2位の近鉄にはロッテとのダブルヘッダーが残されていた。近鉄が2連勝すれば逆転優勝が決定し、1試合でも負けるか引き分けるかすれば西武の優勝が決まる。

3万人の観衆が埋めた超満員の川崎球場で午後3時から始まった第一試合は、リードされていた近鉄が8回で同点に追いつき、9回で勝ち越し点を入れて優勝への望みをつないだ。

第二試合、勢いづいた近鉄は7回表まで3－1でリード。7回裏で同点に追いつかれたものの、8回表でホームランを叩き込んで再びリードした。

この試合を最初からテレビ中継していたのは、近鉄の本拠地である大阪の朝日放送（ＡＢＣ）だった。つまり試合を視聴できるのは関西地域のみ。視聴率が期待できないパ・リーグの試合は全国中継されていなかったのだ。

だが、まれに見る熱戦だ。ＡＢＣの中継に技術協力をしていたテレビ朝日が、幼児向け番組やニュース番組に中継を差し挟むと、視聴者から「中継を続けてほしい」という電話が殺到した。テレビ朝日局内でも、みんなＡＢＣの中継を映し出すモニターにかじりついている。

テレビ朝日の編成局は午後8時からの番組差し替えの協議を始めた。とはいえ、差し替えには全スポンサーや系列局と折衝しなければならず、そう簡単にはいかない。

結局、午後9時から10分間試合を中継し、その後に予定のドラマ『さすらい刑事旅情編』を放送することが決まった。ところが、10分の中継予定が15分、30分と延長を重ね、結果的にドラマは放送を中止し、午後9時台はＣＭなしの全国中継となった。

後ろに控える『ニュースステーション』はどうするか。近鉄優勝を賭けた死闘は続いている。中継を続けるか、通常通りニュースの中で伝えるか。「今」を伝えるのがニュースだ。僕は生中継の続行を主張した。編成局からは反対論も出たが、激論の末、中継続行が決まった。

テレビに命を吹き込んだ熱戦

番組開始時点で試合時間は3時間を優に超して9回表、4−4で近鉄の攻撃中だった。画面は川崎球場のダイヤモンドを映し、僕は隅のワイプ画面から語りかけた。

「今日はお伝えしなければならないニュースが山ほどあるのですが、このまま野球中継を続けます」

この日予定していた「ブラックマンデー」1年後のニューヨークからの中継は中止に。阪急ブレーブスの身売り発表や貨物列車脱線事故のニュースは、攻守交代の時間を縫って伝えた。

CMに切り替えるタイミングは僕の采配に任せられた。流すべきCM本数は決まっている。だがCMの最中に勝敗が決まれば、決定的瞬間を逃がすことになる。いつCMを入れるか緊張の判断が迫られた。

同点のまま10回にもつれこんだ。規定上、試合開始から4時間以上経過した場合は、そのイニングで試合は終わる。10回表、近鉄が無得点に終わったのが10時41分で、4時間まで残り3分。近鉄逆転優勝の可能性は消え、西武の優勝が事実上決まった。奇跡は起こらなかった。

10回裏、近鉄の選手たちが守備に就き始める。僕は実況のABCアナウンサー、安部(あべ)憲幸(のりゆき)さんに呼びかけた。

「安部さん、守っている選手たちの表情をじっくり見せてください」

仰木彬(おおぎあきら)監督、中西太(なかにしふとし)ヘッドコーチ、ナインの表情がそれぞれ映し出された。

午後11時を過ぎても試合が続行されていたため、番組を通常より10分延長し、11時28分まで放送した。視聴率は番組が始まって以来、初めて30%を超え、関西地区は46・4%にまで達した。勝敗が事実上決まった後も、視聴率は下がるどころか、むしろ上がっていた。

年末に、この試合を取り上げた特集で僕はこう話した。

「テレビがすばらしいのは人間を映したときです。画面にしっかり生きている人間が現れたときのテレビの魅力は、筆舌に尽くしがたいものがあります。感動的な極限の状態に置かれた人間。そしてしっかり生きている人間を生々しく映し出したとき、テレビの可能性は無限大であると私は思っています。10月19日のロッテと近鉄の選手たち、監督、コーチ、すばらしい役者がそろい、テレビに命を吹き込んでくれました」

僕より1歳年下の安部アナウンサーは2017年4月6日に亡くなった。

巨人優勝で丸刈りに

スポーツの最大の醍醐味は、お気に入りのチームや選手、そしてファン同士で喜怒哀楽をともにすることにある。

2016年、広島東洋カープが25年ぶりにリーグ優勝をしたときは、カープファンの元『ニュースステーション』スポーツ班スタッフたちと六本木でバカ騒ぎをした。カープが勝った試合だけ1年分を編集したVTRを見ながら延々語り合うのだ。あまりに騒ぎすぎて、家に帰ったときは声がガラガラになっていた。

僕はアンチ巨人でもあるが、世の中には熱狂的な巨人ファンがいる。両者がガチンコ勝負を演じれば盛り上がるのではないか。

そんな発想で立ち上がった企画が「ジャイアンツエイド」だった。なかなか優勝できない巨人に対して、熱狂的ファンを自認する糸井重里さん、黒鉄ヒロシさん、川崎徹さんが勝手に巨人を応援するというコーナーだ。

目玉は巨人優勝をめぐる〝公約〟だ。1988年、巨人が優勝できなかったら、黒鉄さんは「1年間、ジーパンをはかない」、川崎さんは「福神漬けを断ち、百万円を優勝監督に贈る」、そして糸井さんは「坊主頭になって、ふんどし姿で六本木を走る」と口走った。

結果的に巨人は2位。さっそく番組スタッフたちは計画を立てた。ふんどし一丁の糸井さんを載せた神輿(みこし)を、白塗り裸体のダンサーがかつぎ、六本木を通り抜けてテレビ朝日に夜10時に到着、そのまま番組になだれ込むという算段だ。

ところが昭和天皇が倒れて日本中が自粛ムードに包まれたため、やむなく計画を断念。結局、糸井さんは人通りが途絶えた深夜の六本木をひそかにふんどし姿で走り、公約を果たした。

翌89年、巨人はオープン戦で振るわず、優勝は無理だと僕は確信していた。黒鉄さんたちに「今年、久米さんはどうするんですか」と詰め寄られて、僕は開幕直前に宣言した。

「セ・リーグで巨人が優勝したら坊主になります。もし日本一になったら、そのまま徳光さんの番組に出て万歳をします」

ところが僕の予想は見事に外れた。4月に始まったペナントレースではカープが先行したものの、巨人が盛り返して首位に立ち、8月下旬から優勝への間合いを縮めていった。僕は「その日」に備えて突然の坊主頭が目立たないように徐々に髪を短くし、丸刈りが似合うカジュアルなニットなどを1カ月分用意した。

とうとう巨人は10月6日に優勝。糸井さんは「久米さん、別に丸刈りにしなくていいよ」と助け舟を出してくれたものの、世間が許さなかった。6日夜から連日、テレビ朝日に「いつ丸刈りにするのか」という視聴者からの電話が殺到した。「カミソリでツルツルにそれ」というリクエストもあった。

10月10日、僕は丸刈り姿で『ニュースステーション』に登場した。「こんなに似合うとは思いませんでした」というコメントは半分本音だった。番組が終わって局を出ようとしたら、外はマスコミを含めて黒山の人だかり。その割に、この日の視聴率は16・4％と特に高くはなかった。

巨人は日本シリーズで近鉄と対戦。3連敗したのちに4連勝してついに逆転日本一を飾った。僕は公約を果たすべく、11月3日の日本テレビ『ニュースプラス1』に出演し、熱烈な巨人ファンで知られる徳光(とくみつ)和夫(かずお)さんの前で屈辱の万歳姿を披露した。

「読売ジャイアンツ、バンザーイ、くやしいー」

『ニュースステーション』の宣伝になったのだから本望だったが、ニュースを読む人間が丸刈り姿ではさまにならない。服も限られてしまう。美容院で毛根マッサージをしたり、昆布とわかめを猛烈な勢いで食べたりして必死に原状回復に努めた。その甲斐あって、ものすごい勢いで髪は伸びた。

丸刈りをしてよかったこともある。僕は生え際がクリアなため、以前からカツラ疑惑があったのだが、その疑いを払拭できたことだ。

スポーツはフェアだ

僕がカープのファンになったのはTBSに入社して以降のことだ。同期の林美雄さんが熱狂的なカープファンで、彼の熱い語りを日々聞かされるうちに感染してしまった。もともとセ・リーグのお荷物と言われていたカープを、当時「番組つぶしの久米」と呼ばれていた自分に重ね合わせたのかもしれない。市民球団という成り立ちや、原爆投下から立ち直った広島の街並みも好きだった。

小林一喜さんは大のドラゴンズファンだった。アンチ巨人という点で僕たちは共闘した。当時、巨人の四番打者だった原辰徳（はらたつのり）選手を槍玉に挙げ、

「原って何も考えてないんじゃないでしょうか」

「どうかしてますね」

などと生放送で好き放題に叩いていた。当時、巨人を批判したりちゃかしたりすることはマスコミ内のタブーだったため、かなり思い切ったふるまいだった。

僕たちの間では、巨人の球団トップだったナベツネこと渡邉恒雄（わたなべつねお）・読売新聞グループ本社主筆はいわば権力の象徴であり、アンチ巨人はアンチ権力と表裏の関係にあっ

た。

スポーツは基本的に反権力の性質を持つ。ジャイアンツは読売のものではなく、ファンのものだ。イチローのメジャーでの活躍や広島カープの2016年の優勝に、権力や資本は基本的に介在していない。

もちろん、球団もサッカーチームも資本があるから存在している。しかし勝負の世界は誰も予想もできなければ、コントロールもできない。そこでは強い者、速い者、優れた者が勝ち、権力もおカネも介入できない。これほど民主的なシステムがあるだろうか。

スポーツはそもそも国家や体制と相反するところに成立する。戦争とも相いれない。しかしヒトラーを例に挙げるまでもなく、スポーツは常に国威発揚のために利用された。

オリンピックもロシアのドーピング問題をはじめ、国家の都合が必ず影を落としてきた。そもそもオリンピック憲章によれば、競技は出場選手やチーム間の競争であり、国家間の競争ではない。国が金メダルの数を競うなど愚の骨頂だ。『ニューステーション』ではオリンピックを大々的に取り上げることはしなかった。

2020年の東京オリンピックも僕は当初から開催反対を訴えた。主な理由は、まず大震災の復興途上にある日本は、オリンピック開催よりもなすべきことが山積している。また、近い将来必ず起きる首都圏の大地震の被害を最小限にするためには、東京への一極集中は可能な限り避けなければならない。さらに真夏の開催はマラソンや競歩の選手たちを猛暑の危険にさらす。東京オリンピック開催には、どうしても賛成できなかった。

Jリーグ発足とサッカー熱

オリンピックとは逆に、番組をあげて応援体制を取ったのがJリーグだった。日本サッカーのプロ化の仕掛人としてプロジェクトを推し進めていたのが、初代チェアマンに就いた川淵三郎（かわぶちさぶろう）さんだ。立ち上げ段階から何度も番組に迎えて、Jリーグの理念や未来像を聞いた。当時、日本でサッカーファンは少数だったが、「日本にプロ野球に勝る組織をつくる」という川淵さんの構想は壮大だった。

日本各地に地域に根差したクラブをつくり、地域住民と自治体、サッカークラブ、企業が三位一体となってリーグ戦を展開する。小中学校のグラウンドを緑の芝生にして、子どもたちに気軽にスポーツの楽しさを味わってもらう――。

夢か妄想に近い構想を本気で実現しようとしている。ほとんどドン・キホーテだと思った。しかし、その情熱に心を動かされた。

ディレクターから手渡されたJリーグ規約案は分厚い冊子だったが、読み始めるとこれが面白い。試合の形式、選手の年棒や移籍に関するルール、スタジアムの規模、商品化権や放送権。すべてにJリーグの理念が反映され、定款、細則までを読破してしまった。

川淵さんがこだわったのはチームの呼称だった。『ニューステーション』の球団呼称と同じく、企業名を入れず、地域名+愛称で統一する。「読売ヴェルディ」ではなく「ヴェルディ川崎」。本当に地域社会から支援されるためにはヨーロッパのように地域名を前面に打ち出さなければダメだという強い信念からだった。

「チェアマン」「ホームタウン」「サポーター」「ホーム&アウェー」という言葉の選び方にも、新しいスポーツ文化の誕生を予感した。

『ニュースステーション』の内部でもJリーグの理念や必要性を共有しながら準備を進め、1993年5月の開幕戦から大々的にJリーグの試合結果を伝え始めた。

僕はもともとサッカーに関心はなく、まともに見たことすらなかった。しかし、スタッフの中にサッカーフリークが何人かいた。彼らはワールドカップ観戦のため海外まで足を運んでいた。事あるごとにサッカーの魅力を熱く語り続け、僕を含めた周囲をどんどん洗脳していった。

サッカーは野球よりもはるかに自己犠牲が多いスポーツだ。たった一人が1点を入れるために全員が献身的に奉仕する。だからサッカー観戦とはつまるところ、選手たちの自己犠牲のプロセスを見ることだともいえる。

観戦の際、初心者はついボールを追ってしまうが、ゲームはボールのないところで進んでいる。ボールのないところで選手が何をしているかが見どころなのだ。

１９９３年10月の「ドーハの悲劇」が起こったときは、試合が裏番組で中継されていた。Ｊリーグ発足後、アメリカワールドカップ初出場に日本代表が近づいていたが、アジア地区最終予選の対イラク戦で、試合終了間際のロスタイムにイラク代表の同点ゴールが入り、Ｗ杯本大会への出場権を失った。その瞬間、番組のスポーツ担当はもちろん、ニュースや特集班スタッフの落胆ぶりが激しく、スタジオはただならぬ空気に包まれた。

ところが、「ドーハの悲劇」によって日本のサッカー熱は冷めるどころか、かえって盛り上がった。次のフランスのＷ杯出場はなんとか出場が決まったが、一勝もできずに帰国した。

この間、川淵さんや鹿島アントラーズのジーコ選手らの話を聞くうちに、僕のサッカーに対する思い入れも熱を帯びていった。浦和レッズのファンとなってサッカー観戦に通い始め、『ニュースステーション』をやめた後の２００６年にも、ドイツへ行ってＷ杯取材を行うことになる。

このサッカー熱が僕の『ニュースステーション』人生を結果的に延ばすことになった。

「いつやめるか」という課題

『ニュースステーション』をいつやめるかについては、かなり早い段階から考えていた。

番組開始から2年目にはすでに相当疲れていた。月曜から金曜までの生の帯番組が、こんなに疲れるとは思ってもいなかった。

金曜が終わると、ぐったりする。土曜に「休みだ」と思うとホッとする。ところが本を読んでボーッとしていると、「ああ、休みでよかったなぁ」と思う反面、「今夜は『ニュースステーション』はないのか。つまらないな」とどこかで思っている。

体調が傾くと気力も衰える。テレビの生放送は気力なしにはできない。朝起きると、今夜はちゃんとできるだろうか、本番中に気を失わないだろうかと不安になる。だから実際は、いつやめるかを考えるよりも、まず毎日を積み重ねていくことに迫られていた。

1990年代に入ると、「いつやめるか」は重要課題として常に頭の中に居座った。番組を始めてから急に白髪が増えた。

百年に一度の世紀の変わり目が迫っている。僕は小林一喜さんと21世紀を迎えたいという思いを抱いていたが、小林さんは91年に他界した。

『ニュースステーション』が始まる前にラジオで井上陽水さんと話したことがある。

「久米さん、大変ですね。一年中やっているんでしょう」

「そうですよ。ほかにも番組に出たりしています」

「人間的じゃないな。僕はだいたい1月と2月しか仕事はしませんよ」

折に触れて思い出し、考え込んだ。『ニュースステーション』をこのまま続けてコマネズミのように働いて暮らすのか。なぜこんな苦労するほうを選んだのか——。ニュース番組の限界も痛感していた。一つの殺人事件でも奥行きは深い。それをボツにしたり1分半にまとめたり、それで片付けてしまっていいものか。各ニュースの表面を短い時間でなぞっているだけで、真相に迫ることができていない。

月の半分は「むなしいなぁ」と思い、月に一度は登校拒否のようになる。年に何回かは「こんなことをしていて何の意味があるんだろう」という思いにとらわれた。

そんなときにいつも思い浮かべたのは、1982年からフジテレビで『笑っていいとも!』の司会をしていたタモリさんだった。大学の1年後輩に当たるタモリさんが自分よりも3年も前から平日昼の生放送を続けている。こちらも頑張らなければ——。

結局、タモリさんは僕よりも10年も長く番組を続けることになる。その精神的、肉体的タフさは最初からケタ外れだったのだ。

元気に仕事を続ける秘訣

1995年1月に阪神・淡路大震災が起き、3月に地下鉄サリン事件が発生した。5月までにオウム真理教に関わるニュースは視聴率26～28％に達し、『ニュースステーション』の歴代高視聴率記録の上位を占めることになる。

しかし、それをピークに90年代半ばを過ぎると、番組はある種マンネリ化して、視聴率も12～13％に落ち込む日が増えてきた。

バブル景気は91年に崩壊し、のちに「失われた十年」「失われた二十年」と呼ばれる長期不況に入っていた。「失われた」というと何か他人事(ひとごと)のようだが、これは明らかに経済政策の失敗による人災だ。私たち日本人は「失った十年」「失った二十年」と呼ぶべきだろう。

景気低迷の影響はテレビ業界をまともに直撃し、低予算、人員削減、非正規雇用の増加は制作の現場からじわじわと活力を奪った。

時とともに周りの環境も変わる。テレビ局の人事だからやむを得ないが、プロデューサーがだいたい2年ごとに変わった。デスクやディレクターらスタッフの入れ替えもある。出演者もスポーツアナウンサーや天気予報の担当者が次々に交代した。担当が変わる度に、最初からノウハウを説明しなければいけない。一から説明するのは骨が折れた。だいたいどこが一なのかがよくわからない。

気がつくと、当初のメンバーが姿を消し、自分がいちばんの古株になっていた。しかも、いつの間にか最年長だ。すると番組が10年過ぎたあたりから、僕にシビアな批判や注文をするスタッフがいなくなってきた。遠慮して何も言わないから余計に居心地が悪い。反論の出ない現場に「自分の意見はないのか」と繰り返し発破をかけなければいけなかった。

若手スタッフと話をしていると、「昔、『ザ・ベストテン』を見ていました」と言われ、そのうち「高校のときから『ニュースステーション』を見ていました」となり、さらに「中学のときから見ていました」となっていく。

それくらい若いときから見ていると、自分の中で〝ニュースステーション観〟が固まり、『『ニュースステーション』かくあるべし」と最初から決めつけてしまう。

僕はラジオ少年で、テレビのない時代を知っている。だから、テレビの枠に比較的とらわれずに番組づくりを考えることができた。だが子どものころからのテレビっ子は、逆に固定観念に縛られがちだ。例えば天気予報はニュースの後にするものだ、というように。

新しいものを生み出すには、先入観を捨てて、まったく違う場所から発想する必要がある。もちろん、言うほど簡単ではない。成功したフォーマットを壊すには勇気が要る。

成功には固定化、形骸化というリスクが付きまとう。僕のマンネリ打破の方法は、番組を初めて見る人を常に意識するということだ。「いつも同じ人が見ている」と考えるからマンネリ気分に陥ってしまう。ところが、視聴者は必ず入れ替わり、毎回初めて番組を見る人がいる。彼らが番組を見てどう感じるか。それをいつも考えた。

もちろん、毎回見てくれる人に向けた心配りも大切だ。「例の話ですけれど……」などと話して、視聴者と「内輪感覚」を共有する。

つまりサービス業の僕らは一見客と常連客のバランスに配慮し、双方に満足してもらうよう努める。それは僕がテレビでもラジオでも毎回新鮮な気持ちで番組に向き合うための心得でもある。そうした姿勢を出演者とスタッフが共有し、番組の鮮度を保てるかどうかは僕らに突き付けられた大きな課題だった。

自分の能力の衰えも自覚せざるを得なかった。『ニュースステーション』はキレとスピード、テンポで見せる番組だ。ところが、50歳を過ぎたころから記憶力と集中力と瞬発力が落ち、その場に最適な言葉が出てこなくなった。

調子がよくないと、「今日はスタジオに行きたくないな」と思う。そして、そんなふうに思う日が年を追って増えてくる。

「元気に仕事を続ける秘訣」を黒柳徹子さんから聞いたことがある。それは「いやな仕事はしない」。したくない仕事をするのは健康に悪い。そもそも視聴者に失礼だ。これは自分なりに肝に銘じていた。

番組はいつか終わる。終わるときは世間の評判が落ちて幕を閉じるよりも、まだ勢いのあるうちにやめたい。このまま放っておけば、ボロボロになるまで続けるのではないか。そんな恐怖があった。

スポーツ選手の引退決定みたいなものだ。自分で「もうダメだ」と思う前に、あるいは周りから「まだ続けているのか」と言われる前に自分の意志でやめる。そのほうがテレビ業界にもプラスになる。それは僕の人生哲学であり、そう言い続けてもいた。

その際、自己評価の難しさがある。人間は自分の能力を実際よりも高めに評価しがちだ。つまり、うぬぼれていないかどうか。そこを見極める必要があった。

具体的なプランとして実際に番組をやめようと考えたのは、20世紀の終わりが近づいてきたころだった。やめる大義名分を探していた僕にとって、世紀の終わりという歴史上の節目は絶好の機会のように思えた。

契約が切れた3カ月間

自分なりにやめ時を探っているさなかのことだった。番組に関わる5人のデスク全員を総取り換えするという人事異動が伝えられた。青天の霹靂(へきれき)だった。この人事は社内でも物議を醸したようだ。またも最初からデスク全員に番組のノウハウを理解してもらわなければならない。僕にはもはやそのエネルギーは残っていなかった。

テレビ朝日と2年ごとの契約は1999年の9月いっぱいで切れる。僕は再契約しない旨をテレビ朝日に伝えた。20世紀が終わるので、きりがいいとも思った。

テレビ朝日は僕に「番組を続けてほしい」と慰留してきたが、合意することはなく、結局、再契約には至らなかった。

契約が満了した10月6日、番組放送中に僕は淡々と伝えた。

「テレビ朝日と14年間続いた契約が切れました。わたしの出演は本日までです。長い間、ありがとうございました」

視聴者には突然の降板劇と映っただろう。翌日の新聞紙面でも「久米さんが降板?」などと報じられた。翌日からはアナウンサーの渡辺宜嗣(わたなべのりつぐ)さんがキャスター席に座った。

番組冒頭、

「久米宏はいません。しばらく私がキャスターを務めますが、『ニュースステーション』のキャスターは久米宏です」

と異例の釈明をした。

テレビ朝日側からは続行を説得された。社長との一対一の話し合いを含め、所属事務所のOTOを挟んで交渉を続け、結局、3カ月間の休養と1年ごとの契約更新となった。この3カ月間をテレビ朝日は「休暇」と位置付けているが、僕は「無職」と表現している。

無職中はニュージーランドを車で走り回り、久々に解放感を味わった。また、東京から九州まで車で旅し、阪神・淡路大震災で大きな被害に遭った神戸市長田地区、報道陣も犠牲となった雲仙普賢岳・火砕流跡などを訪れて復興の様子を見て回った。

2000年1月4日の再登板では心機一転、一からスタートしようとイメージチェンジを図った。14年以上も毎日画面に出ていると、見るほうも飽きるに違いない。テレビはサービス業だ。鼻の下にひげをたくわえ、眼鏡も変え、髪はワックスで固めた。

番組冒頭はセットの2階から登場し、挨拶した。

「あけましておめでとうございます。私、久米宏と申します。戻って来ちゃってどうもすみません」

謝りはしたものの、謝罪のかたちではなく、イメージを変えた久米宏が何気なく登場するというかたちにしたかった。「ニュースを見ない」と言われる若者にも受け入れられるよう、ファッションはカジュアルなジャケットスタイルに変えた。ノーネクタイのカジュアルなスタイルで政治家に話を聞くのはスリリングだった。これまでどんなニュース番組でも試みたことがなかったからだ。イメージチェンジのせいかどうかわからないが、結果的に視聴者層が20代から30代の男女にも広がった。

日韓ワールドカップを盛り上げろ

20世紀が終わるとともに番組をやめるというプランは結局、実現しなかった。次に僕が考えた節目は2002年の日韓ワールドカップだった。世紀の終わりという絶好の機会を踏みとどまったのは、Jリーグ発足からサッカーに深く関わった者として、2002年の日韓ワールドカップまでは見届けたいという思いからだった。

Jリーグ開幕の年、「ドーハの悲劇」を経験し、次のフランスW杯では1勝もできずに終わった。満を持しての2002年の日韓ワールドカップだ。日本初どころかアジア初の開催。さらに日本と韓国2カ国による共同開催は大会史上初めてだった。前代未聞の国際スポーツイベントだ。視聴率も期待できる。『ニュー

カジュアルなスタイルで

ステーション』としては最大限の力を注ぐことにした。

２００１年末の組み合わせ抽選で、日本はベルギー、ロシア、チュニジアとともにグループHに属し、5月末から1カ月間、日韓の各10会場で64試合が行われることになった。

日本での開催をどうやったら盛り上げることができるか。年末のデスク会議でプロデューサーから聞かれた。

「ベルギーとロシア、チュニジア。久米さん、取材に行くとしたら、どこに行きたいですか？」

「チュニジア」と即答した。行ったことがなかったからだ。

２００２年初めに急遽、パリ経由でチュニジア入りすることになった。大晦日に日本を出て元日にパリに到着したら、ちょうどその日からEUの通貨が発行され、水着の美女3人が配っていた1ユーロをもらった。

番組のオープニングは4月からW杯開催に向けた特別仕様に変更した。ところが本大会が近づいても、僕たちの意気込みほどには世間が盛り上がっていないように思える。視覚的にアピールしようと関連グッズを探したが、小さなピンバッジくらいしか見当たらない。

こうなったら自分が広告塔になるほかない。大阪・長居スタジアムで対チュニジア戦を観戦した日、大のサッカーファンだったヘアメイクさんが本番直前、ジャパンブルーにちなんで僕の髪をブルーのメッシュを入れた金色に染めあげた。

眼鏡屋さんが悪ノリしてつくってくれた特別製の眼鏡をかける。そこにたくさんのワールドカップグッズを縫い付けた派手なブルゾンを着こんでスタジオ入りした。どっと笑い声が起きた。

どう見ても、道楽でサッカーに入れあげている不良オヤジだ。でも、これぐらいしなければ世間にアピールできない。僕はニュースキャスターである前にエンターティナーなのだから。

日本代表は決勝トーナメント進出（ベスト16）の成績を残した。日本列島にはW杯フィーバーが巻き起こり、その後もサッカーは国民の注目を集めるスポーツとなった。

最終回の手酌ビール

2002年の日韓ワールドカップでもやめられなかった。

いつやめるかの大義名分で次に考えたのが、還暦の60歳になる2004年だった。TBSの同期入社は55人。もし僕がTBSにそのまま残っていれば、定年を迎えることになる。

ニュースを毎晩伝えるということは、未来を考えることだ。60歳を過ぎたら未来は次世代の人に考えてもらおう。機は熟していた。結局、２００４年の3月でやめることでテレビ朝日と合意した。

最終回で何を話すかは10日ほど前から考えた。やはりこれまで誰も言わなかったことを言うこと。そして僕の考えをはっきり伝えて最後の挨拶にしたかった。何を話すかは誰にも相談せず、誰にも事前に伝えなかった。

3月26日の番組最終日。冒頭はアークヒルズ周辺の桜の並木道を映し出した。１９８５年秋のアークヒルズ完成とともに『ニュースステーション』は始まった。そのときに桜の苗木が植えられたので、番組とこの桜は同い年ということになる。今では東京の桜見物の新名所となるまでに立派に成長した。『ニュースステーション』を続けていて一番つらかったのは、この番組がいつ終わるかわからないということだった。過去の自分に番組が最終回を迎えたことを教えてあげたい。

そこで、ＣＧ技術を駆使して、現在の自分が第1回を放送中のスタジオを訪れるという趣向を実現した。開始10年目にも同じ試みをしている。そこに乗り込むと、画面上に1年目、10年目、現在の僕が勢ぞろいした。51歳の自分、つまり10年目の自分が、番組開始直後の41歳の自分を励ましていた。

「おい、わかっているのか。僕らはまだまだ終わりのない闘いを続けるんだ。頑張ってくれ」

そして今の自分が41歳、51歳の自分に語りかけた。

「君たちは本当によくやりました。『ニュースステーション』は今日をもって無事終わります。本当にお疲れさま」

その日のニュースをいつものように伝える。番組で繰り返したコメントを言った。

「発言の場がなくなってしまうので、もう一度申し上げておきますが、僕は日本がイラクへ自衛隊を派遣するのは反対です」

最後の挨拶は、視聴者の方々に民間放送の特徴、そして民放の番組がいかにして成立しているかを伝えたかった。番組を支えた電通、テレビ朝日、スポンサー各社に感謝の言葉を述べて、こう付け加えた。

「民間放送は原則としてスポンサーがなければ成立しません。そういう意味では脆弱で危険なんですが、僕はこの民間放送が大好きです。なぜなら戦後に生まれた日本の民間放送は戦争を知りません。国民を戦争に向かってミスリードしたという過去が民間放送にはありません。これからもそういうことがないことを祈っております」

番組を支えた関係スタッフは何千人にも上るが、番組を資金面で支えた提供スポンサー各社で働く社員も、広い意味で言えばスタッフだと考えられる。

「そうなると、スポンサーの製品やサービスを買った方もスタッフだという考え方もできます。本当にありがとうございました」

視聴者がモノやサービスを買って支払ったお金が企業に流れ、その企業がスポンサーにつくことで番組が成り立っている。つまり視聴者のみなさんは番組を見ているだけではなく、意識しないまま、もっと具体的な形で番組を支えてくれていたことを理解してほしかった。それが日本の民放のシステムであり、資本主義のシステムだということを伝えたかった。

お別れではあっても、番組は明るく終わりたかった。「今日は僕にご褒美をあげたいと思って」と言いながら、スタジオ後ろの冷蔵庫から冷えた瓶ビールとコップを取り出した。

隣の渡辺真理さんがツッコミを入れてくれる。

「僕にご褒美って……あっ、またもう……しかも（コップ）一つじゃないですか！」

「当たり前ですよ！」

「どういうことですの、これ？」

最後に番組に寄せられた数々の批判、抗議についてもひと言言い添えたいと思った。

「想像できないほどの厳しい批判、激しい抗議も受けました。もちろん、こちらに非があるものもたくさんあったのですが、ゆえなき批判としか思えないものもたくさんありました。が、今にして思えば、そういう厳しい批判をしてくださる方が大勢いらっしゃったからこそ、こんなに長くできたことがよくわかります。これは皮肉でも嫌みでもありません。厳しい批判をしてくださった方、本当にありがとうございました」

さあ、伝えたいことは伝えた。「これ、最後の僕のご褒美です」とビールの栓をシュポッと抜いて、手酌でコップいっぱいに注ぐ。

「じゃ乾杯！」と言って一気に飲み干した。

「本当にお別れです。さようなら」

そう言ってカメラに向かって手を振った。

スタジオに集まった、歴代スタッフたち、大勢のギャラリーから拍手が沸き起こった。エンディングタイトルが流れた。番組は１９８５年10月の開始から４７９５回、18年半にわたった。平均視聴率は14・４％。

しびれるような解放感に包まれた。スタッフ、出演者の顔にも重荷を下ろしたという安堵の表情が広がっている。ただ、『ニュースステーション』の後に始まる『報道ステーション』にそのまま残るスタッフもいた。彼らはまた新たな闘いを始めなければならない。

第八章
ラジオ再び

リスナーたちによる生ドラマ

僕が2006年からパーソナリティーを務めるラジオ番組『久米宏ラジオなんですけど』は毎週土曜の午後1時から2時間、TBSラジオの第七スタジオから生放送している。最初は小島慶子(こじまけいこ)さんと一緒で、2009年からは堀井美香(ほりいみか)さんになった。

隣の第六スタジオでは、永六輔さんの『土曜ワイドラジオTOKYO 永六輔・その新世界』が午後1時まで、やはり毎週、生放送を続けていた(2015年9月まで)。永さんの番組のエンディングと僕の番組のオープニングでは、隣り合ったブース間のカーテンを開け、仕切りガラス越しに言葉を交わすことが恒例になっていた。

2011年6月18日の放送。

久米「ラジオドラマの話をそちらでもしていらっしゃいましたけど、今日、こちら生でラジオドラマをやるんです。素人が全員、電話で出演するというバカみたいな暴挙です。リハーサルなしでぶっつけ。緊張しちゃって、さっきから字もうまく書けないくらいなんです」

永「ふはははは……これは難しい。誰が考えたの?」

堀井「久米さんに決まってるじゃないですか!」

ラジオドラマの出演者をリスナーのみなさんに割り振り、それぞれスタジオと電話でつないで生上演する、という前代未聞の企画だった。題して「あなたもラジオドラマに出てみませんか」。演目は怪談『番町皿屋敷』。成功するかどうかはまったく見当がつかなかった。

8人の出演者の応募には予想を超える申し込みが殺到した。結局、お菊役には女子大生、殿様は鉄道員の男性、奥方は看護師の女性……中には9歳の男の子、オランダから国際電話で参加する女性もいた。猫役の8人目は当日の生放送中に募集して決めた。

出演者にはあらかじめ台本を届け、電話の前に待機してもらう。スタジオで音楽と効果音を入れ、出演者はラジオを聴きながら自分のせりふを口にする。本番前になって、ナレーター役の73歳の女性に電話がなかなかつながらず、スタッフともども焦った。

「(リスナーの)イメージを広げるためには出演者同士の距離感を意識してくださいね」

「お菊の悲鳴には悔しさ、絶望感を込めて。ここは聞かせどころですよ」

台本に沿ってひとしきり〝演技指導〟した後に、いよいよ本番スタート。音楽が流れてナレーションから入った。

「時は江戸の初め。承応2年、正月2日。番町の青山主膳(あおやましゅぜん)邸の台所では、下女のお菊が祝いの済んだ昼の膳を始末していた」

物語は滞りなく進み、ヒュ〜ドロドロドロドロ。お菊が皿を数えるクライマックスでは、女子大生に携帯電話とともに自宅のふろ場に移動してもらい、エコーを利かせて語ってもらった。

「お皿が1枚、2枚、3枚……」

おお、なかなかいい！ 綱渡りの12分間。ドラマは破綻することなく、無事エンディングを迎えた。

東日本大震災から3カ月後の放送だった。企画は「節電を強いられた夏、聴いて涼しくなる怪談の上演はラジオならではの対応」と評価され、その年のギャラクシー賞の優秀賞を受賞した。

生のリスナー参加型企画はさらに広がって、電話越しにリスナーだけで番組を進行したり、「見上げてごらん夜の星を」を楽器で合奏したり、汲めども尽きぬラジオの可能性を実感した。

僕のラジオデイズが再びやってきた。

テレビの時代は続いている

２００４年３月に『ニュースステーション』が終わった後、僕はしばらく虚脱状態に陥った。終わってみると、番組が続いた18年半の間、僕はどこかでこぶしをかたく握りしめ、全力で走り続けていたことを知った。走るのをやめ、こぶしを緩めた途端、力尽きた。

テレビに復帰したのは約1年後だった。しかし、それから僕がレギュラーとして関わったテレビ番組は総じて短命に終わった。

２００５年４月に始まった日本テレビの『A』は、アジアの人々とインターネット回線を使って話をする情報番組だったが、２カ月で打ち切りとなった。肝心の回線がなかなかつながらず、インターネット回線はテレビの放送に対応するには少し早すぎた。

２カ月から半年で終わった各番組で消耗したのは、僕が考えていた企画と実際の内容が大きく隔たったり、途中から当初の構想とズレていったりしたことだった。『ニュースステーション』の久米宏というイメージから脱するのは不可能に近い。しかし、番組が成功しなかった最大の理由は、僕自身の中にあったようにも思う。テレビでできることはすべて『ニュースステーション』でし尽くした、というのが僕の偽らざる実感だった。セットやファッションや小道具やカメラワーク。ジャンルもニュースだけではなく、スポーツ、バラエティー、趣味、インタビュー。テレビをかたちづくるほとんどの要素について、映像と言葉の力を信じて僕たちは思いつく限りのことを実践した。

その意味では、新番組に挑むモチベーションに欠けていたと思う。あるいは新世代のスタッフに、テレビについての僕の考えやノウハウをゼロから説明するエネルギーが枯渇していた。

意外とのびのびできたのは、地上波以外のメディアだった。

インターネットテレビ『久米宏のCAR TOUCH!!』（2005年12月〜2006年5月）は、カーデザインをテーマに、カータッチつまり、クルマのカタチを考えた、新しい配信形態に挑戦した番組だった。建築や家具のデザイナーに愛車への思いを聞いたり、実際に運転しながらの車ばなしが最高に楽しかった。

新刊書について著者に話を聞くBS日テレの『久米書店』は、壇蜜さんとの司会で2014年4月から3年間続いた。

そして、21年ぶりとなるラジオのレギュラー番組『久米宏ラジオなんですけど』。1970年に始まった『永六輔の土曜ワイドラジオTOKYO』の初代プロデューサーの白井明さんがずっと話していたことがある。

「『ニュースステーション』が終わったら、TBSラジオに戻ってきてほしい」

番組終了から2年半を経て、その約束を果たすことができた。

新たなラジオ番組が始まった2006年10月7日は、僕が生まれて62年と86日目のことだった。もちろん、このときにはそんなことには気がついてもいなかった。『ラジオなんですけど』はタイトル通り、ラジオだけれど、今のテレビ番組を片っ端から批判するというコンセプトで始めた。

テレビを見ていると、いつの間にか僕は映像に向かってツッコミを入れている。そんなつまらなそうな顔で出てくるなよ。そのスーツはなんとかならないの？　少し髪をとかしてから出れば？

テレビに長く関わってきた者の悲しい性だ。

インターネットの普及によって「テレビの時代は終わった」といわれる。しかし、実はテレビの時代は続いている。実際、テレビは圧倒的に視聴されているからだ。現在の日本人にとってはテレビが大きな情報源であり、娯楽の供給源であることに変わりはない。

番組の中で「生きる」

ラジオとテレビでは使う神経がまったく違う。その違いは、まず全体を把握できるかどうかにある。僕はよく「ラジオはトランペット、テレビはドラム」という喩えを使った。

ラジオでリスナーが耳にする音や声は僕もすべて聴いている。だから音声を拾うマイク一本に全感覚を集中させれば、リスナーが心の中でどういうイメージを描いているかを想像できる。

これに対してテレビはあらゆる方向に気を配り、ドラムのように両手両足をバラバラに動かさなくてはいけない。照明やセットや音楽や服装など発信する情報すべてを把握することはできないため、視聴者が今、何に注意を向けているかをつかむことができない。

視聴する側から言えば、ラジオは音声だけを頼りに想像力を駆使して、自分のイメージを描かなければならない。一方、テレビの情報の9割は視覚から入るため、ぼんやり眺めているだけでもそれなりに楽しむことができる。

ラジオの聞き手は積極的で、テレビの視聴者は受動的。ラジオは理性に訴え、テレビは感覚や生理に訴える。

僕の場合、ラジオは自分が出演している時間の中で「自分が生きた」という実感がある。テレビでは、その中で「生きた」というよりも「演じた」という感覚に近い。基本的に「演出家のもの」であるテレビに対して、ラジオは「自分のもの」という意識があるのだ。

そして、ラジオの聴き手は人数が限られているだけに、とても近しい存在だ。『ラジオなんですけど』の聴き手の1割ぐらいは、おそらく『土曜ワイドラジオTOKYO』のリポーター時代から僕の声を聴いてくれている。そこにあるのは、ゆるやかな共同体感覚に近い。

だからだろう、ラジオでは僕がいかにくだらない話をしても受け入れてもらえる。10人のうち二人しかわからない話をしても許される。だからラジオでは、実験的な企画や過激な内容に踏み込むことができる。生ラジオドラマ『番町皿屋敷』のように、僕はリスナーのみなさんと一緒にラジオを遊ぶことができるのだ。

生き方を伝える仕事

ラジオとテレビでは使う神経がまったく違う、と書いた。しかし視聴者に何かを伝えるという部分では何も変わらない。本質的には同じだ。

では、ラジオやテレビの出演者は、見ている人、聴いている人に何を伝えるのか。芸を披露する、知識や考えを披瀝（ひれき）する、いろいろ伝えることはある。僕はその人の生き方や仕事の仕方を伝えることもまた、この仕事の一つだと思う。

『ニュースステーション』を通してわかったのは、出演者はその生き方や人生観を問われるということだった。テレビは映っている人間の良さも悪さも、ありのまま映しだす。毎日、長時間の番組となると、その品性までもが映しだされる。どんな服を着て、どんな車に乗って、どんな暮らしをしているかが番組に反映し、逆に番組からも影響を受ける。ニュースに対するコメント一つとっても、思い付きではなく、自分の暮らしや価値観に基づいて発言しなければ、説得力のある言葉を発することはできない。

すなわち僕は『ニュースステーション』で、今夜もちゃんと生きているということを、視聴者に見てもらわなければいけなかった。生き方や考え方を上品にすることはできないかもしれない。しかし、少なくとも筋の通らない考え方や生き方はやめようとした。

それは小学3年のときに新聞記者を志し、放送局に入ってからは報道番組の司会を夢見ていた僕の変わらない信条でもあった。

今や古希もとうに過ぎて、僕は毎週土曜にラジオでしゃべるという仕事の仕方をしている。10年以上前に定年を迎えたTBS時代の同期の多くは「久米はまだ働いてるよ。よくやるね」とあきれているかもしれない。

でも、そうした仕事の仕方を見せていくのも僕の仕事の一つなのだろう。

僕が今出ているのは土曜のラジオの生放送のみ。結局、『土曜ワイド』のリポーター時代に戻ったことになる。

この仕事をやめたら、毎日がツルンとして、今日が何曜日か、ヘタをすると今が何月かもわからなくなってしまうのではないか。番組があるから風邪はひけないし、体調管理にも気を遣う。「老化防止と健康維持に役立っている」なんて言えば、放送局とリスナーたちに叱られるかもしれないけれど。

でもラジオはやっぱり面白い。リスナーのみなさんは、ことのほか真剣に聴いてくれる。それはこの仕事を続ける最大のエネルギー源だ。

そういえば、僕も子どものころ、ラジオから流れる声と音に必死で耳を傾けていた。時間を忘れ、そこから世界は自由に広がった。

そんなラジオ少年だったころを思い出しながら、僕は毎週マイクに向かう。

エピローグ

簡単にまとめてみる

18年半にわたって放送した『ニューステーション』が終わったのが、2004年3月だった。

それから数カ月後、僕の人生で4回目の引っ越しをした。

それまでは、ずっと木造の家に住んでいたのだが、新しい住まいは、鉄筋コンクリートの共同住宅、いわゆるマンションだ。人生初のマンション暮らしが始まった。高層ではなく、中層と呼ばれるものだ。初めて2階よりかなり高いフロアーに住むことになった。

時間の余裕もできて、部屋の窓から外を眺めることが多くなった。それまでと比べると、より高いところから、より遠くまで見通せるようになって、ものの考え方の視界も広がったような気がした。

引っ越しから13年が経って、気がついてみれば、学校を出て社会人になってから、ちょうど50年の歳月が流れていた。

つまり今の仕事を始めて50年、半世紀ということだ。僕は、スタートラインで病気をして、仕事をしていなかった時期もあるので、この50年にはさして意味はないのだろう。

ただ、50年間続けてきた仕事が、それなりの結果を得た、つまりそこそこの成功だったのか、どう見ても失敗の50年だったのかは、なかなか興味のあるテーマだ。しかしながら、長年の仕事が、成功だったか失敗だったかを判断するのは、とても難しい。

最初にラジオで取り組んだ番組、『土曜ワイドラジオTOKYO』は、成功したと思っている。特に、僕がリポーターをしていた8年間は、なんとかして新しい「中継」をと、それればかり考えていて、なんとか、それまでにない中継の形を創り出したという実感がある。何よりも仕事が楽しくてたまらなかった。これは僕にとっての最大の成功体験であることは間違いない。

テレビに仕事の軸足を移しての、『ぴったしカン・カン』。この番組は、コント55号の番組だった。僕は、ただそこに居たにすぎない。でも、テレビの本質に気がついたのはこの番組だった。

『ザ・ベストテン』。番組が大成功だったことは間違いない、あれ以上の成功は考えられないぐらいだ。公正なランキングと生放送、このコンセプトが成功の源だ。日本の歌謡界のピークに遭遇した幸運もある。『ザ・ベストテン』の大ヒットの威力はものすごく、この番組開始後1年半で僕がフリーに転身したのも、この番組のエネルギーに背中を押されたからだ。

『ザ・ベストテン』については、『ニュースステーション』の開始のために途中降板したことが慙愧(ざんき)の念に堪(た)えない。黒柳さんに、とても申し訳ないことをしたと、今でも心から思っている。

大ヒット中の番組を途中で投げ出すという行為は、許されないことだと思う。この業界の常識で考えれば、僕はTBSから永久追放されてもおかしくはない。ところが、今、僕はTBSでラジオの仕事をさせて頂いている。TBSという会社は、とても懐の深い会社なのだ。

『ザ・ベストテン』と並行して、『TVスクランブル』という番組が誕生した。僕にとって、この番組の意味はとても大きい。ラジオとテレビの世界で、僕が初めて、企画の段階から参加することができた番組だからだ。この番組には、成功のハンコを押してもいいと思っている。とにかく、企画会議の期間がとても長くて、僕の中では、企画を考えている期間と、オンエア期間の長さがほぼ同じという珍しい位置づけの番組になっている。頭の中では、企画会議の議論と、生放送中の瞬間の記憶が入り混じっているぐらいだ。共に、とても楽しい記憶として残っている。

さて、問題は、『ザ・ベストテン』を強行降板までしてスタートした、『ニュースステーション』だ。この番組は、成功だったのか、失敗だったのか、この判断はとても難しい。難しい理由の一つが、放送期間が18年半と、とても長かったことだ。これだけ長いと、いろいろと判断材料がありすぎるのだ。

民間放送の、夜のプライムタイムで、放送時間が1時間を超えるニュース番組で、それなりの視聴率を確保して、民放としては最も重要な「営業的にニュース番組を成り立たせる」、その意味では成功といっていい。

ラジオ番組のリポーター、ゲーム番組の司会者、歌番組の司会者、そこからのニュース番組の司会者へ。ほとんどの人が、間違いなく失敗するだろうと予想していた、この路線変更は、何とかクリアーした。これは成功だったと判断してもいい。

ニュースはわかりやすく伝えなければならない、テレビのニュースはわかりやすくなければならないから。

果たして、これは正しかったのか。

わかりやすくなければ、番組を見てもらえない。番組を見てもらえないと、民放としての経営が成立しない。どんなニュースでもわかりやすく説明してしまうのは、無理があるのではないか。いや、途方もなく複雑で難解なニュースでも、その本質に迫っていけば、実は、やさしい言葉で説明できるのだ、この考え方のほうが真実ではないか。

『ニュースステーション』は、スタートして2年ほど経ったころから、厳しい批判にさらされ始めた。ニュースがワイドショーになってしまった。ものごとを単純化しすぎている。久米宏は軽すぎる——。

山のような批判は、ほとんどが頷けるものばかりだった。厳しい批判を受けながらも、僕は、「番組がある程度軌道に乗り、成功したからこそ、こうして批判を受ける身になれたのだ、ありがたいことだ」。そう考えていた。

『ニュースステーション』が終了して、もう13年が経ってしまった。

あの番組が成功したのか、あるいは、日本のテレビのニュース番組に、取り返しのつかない前例をつくってしまったのか。とても僕には判断できない。

ラジオにしろテレビにしろ、放送というのは、電波が空中に発射された瞬間にすべてが終わってしまう。電波は宇宙の彼方に飛び去ってしまう、悲しい運命にあるのだ。

その瞬間のために、とにかく頑張ってきた。

その瞬間にすぎない運命がとても面白いと思って仕事をしてきた。


51年前、あまりに学業の成績がひどくて、普通の企業の入社試験は受けることができなかった。そんなとき、アナウンサーの募集を知って、冷やかしのつもりでその試験を受けてみた。合格することなどあり得ないと思っていた。

そこから、この50年が始まったのだった。

「ちょっと、試験を受けてみるか……」から始まったのだ。

「とにかく、ちょっとやってみるか」。これは結構大切なのだ。そして乗りかかった舟は、とりあえず一生懸命漕いでみる。それぐらいのことしか、人間はできないのではないか。

50年は、とても長い。しかし、あっという間に過ぎてしまうものでもある。

一生懸命舟を漕ぐ時間は、長そうでいて、短い。

『ザ・ベストテン』をしているときは、テレビを見ている人に楽しんでもらいたい。

『ニュースステーション』をしているときは、何とか世の中の役に立ちたい。そんなことを考えながら仕事をしてきたのだけれど、今になって思うと、今までやってきたことは、きっと自分のためだったのだと思う。

よほどの聖人でない限り、なかなか他者のために生きるのは難しいと思う。人は皆、自分のために懸命に生きている。ただ、自分のために一生懸命に生きたら、それが他者のために、大勢の人のためになることが、時々起きたりする。番組が成功したり、会社の利益が急増したり、クラスが団結したりする。


20代の後半、ナポリに旅をしたことがある。ホテルの前に、小さな土産物店があり、その店先に一人の男がいた。両腕を頭の後ろに回して、椅子に掛けてぼんやり遠くを眺めていた。ほぼ僕と同世代の男だった。数時間ナポリ市内を見物して、ホテルに帰ってきたら、その男は、僕が出かけるときと、全く同じ格好で遠くを眺めていた。僕が出かけている間、何人かの客が来たのかもしれないし、一人の客も来なかったのかもしれない。

僕は、彼の姿を見た瞬間、ある事実に気がついた。もしかしたら、彼が僕だったかもしれない、僕が彼であっても何の不思議もない、と。

人間は、生まれる場所と時を選べない。

僕は、たまたま、太平洋戦争が終わる1年ほど前に、日本で生まれた。あのナポリ旅行以来、「自分の人生すべてが、偶然そのものなのだ」、この考えにとりつかれている。偶然乗り合わせた舟を、懸命に漕いできただけなのだ。

今、初めてのマンション生活で、毎日大きな窓から、街や雲を眺めている。ぼんやり過ごすそんな毎日が大好きで、このような本を出版するなど、考えてもいなかった。ある日、世界文化社の編集者T氏の甘い言葉に、つい、うっかり。

乗りかかった舟は漕がねばならない。

２０１７年8月12日　僕が生まれて73年と30日目

久米宏

文庫版あとがき

2017年9月に出版されてから6年、ついに文庫化されました。ありがたいことです。

今回、改めて書き加えた、あとがきです。10分30秒ぐらいで読めます。文章を見ると、音読すると何分何秒ぐらいか、つい計算してしまう、職業病です。

僕がTBS~東京放送という会社にアナウンサーとして入社したのは、今から56年前だった。

1967年にTBSに入社して、間もなく結核になり、それがほぼ治癒した1970年の春、『土曜ワイドラジオTOKYO』が始まり、その年の秋には、TBSラジオで『それ行け！歌謡曲』という昼間のワイド番組が始まることになった。

その中で、午後3時5分から30分間、スーパーや商店街から中継する『ミュージックキャラバン』という、何と言うか、これで番組として成立するのかという生放送がスタートした。

司会は、ド新人の平野レミさんと気鋭の新人アナの僕だ。

スタート前の、夏の終わり頃、TBSの喫茶室（本館2Fにあって、2ロビと呼ばれていた）で平野レミさんを紹介された。花柄のワンピースを着た女性で、おとなしい雰囲気だった。

彼女との面会が終わった後、スタッフルームに戻ったプロデューサーが、

「久米ちゃんさぁ〜、プロダクションから送ってきたパンフを見るとさぁ〜、どうも違うんだよな〜、平野レミさんを呼んだんだけど、実際に来たのはさぁ〜、辺見マリさんって人なんだよ、ねぇ、どう思う？」

「今、会った人、辺見マリさんなんですか？」

「いや〜、本人が平野レミって言ってたし、パンフの写真が逆だったんじゃないのかな〜」

「とっても元気だし、美人だし、いいんじゃないですか」

当時のプロダクションの新人紹介パンフレットはかなりいい加減だった。新人にはマネージャーも付いてこなかった。

今考えてみれば、これで和田誠氏の奥さんも決まったし、人の運命は恐ろしい。

とにかく、僕の相手は平野レミさんに決まった。

10月になったら、月曜から金曜までは毎日街から中継だ。土曜日は5月からスタートしていた『土曜ワイド』がある。

病気が治りかけたら突然、忙しくなった。不思議なもので録音番組も急増する。

よし、二度と病気をしないよう、がんばろう！

『ミュージックキャラバン』は、毎日午後3時5分からの30分の生放送ということで、現場へ到着する前、簡単な腹ごしらえをすることになっていた。

ちょっと気の利いた喫茶店や、あまり高級ではないレストラン、それに街中華。ラジオ番組の予算は潤沢とは言えない。とにかく近くに駐車スペースがあるところ。

ところが、この食事の時間が、レミさん以外の4人のスタッフにとっては番組スタート直後から、ストレスになっていた。

立ち寄る店は毎回違う。これといった店がなかなか見つからないことも多い。

店に入り、メニューを見て、あまり時間がかからないようなものに決める。

やがて、ピラフやらオムライスやらカレーライス、スパゲティ、等々がテーブルに並ぶ。

そして恐怖の時間がやって来る。

平野レミさんは、一口食べた瞬間、叫ぶ、「マズイ！」店中に響き渡る大声だ。

「アタシ、こんなの食べられない……ねえ、山田修爾、この店出よう!!」

店中が凍りつく中、山田修爾は「まあ、まあ、僕たちはもう少し食べますから、レミさんはそこに座っていてください……」

我々は周囲の視線を避けるように大急ぎで食事を済ませ、とにかく店から脱出する。

山田修爾は、その後、『ザ・ベストテン』のプロデューサーになった人物だ。こんなところで鍛えられていたのだ。

恐怖の食事タイムは、毎回こうなる訳ではない。

7回か8回に一度、いや12回に一度ぐらい、レミさんが「旨い！」と叫ぶことがある。そんな時は、スタッフ全員がガッツポーズだ。

そして全員が、「本当に旨い！」と思うのだ。

さらに20軒か30軒にひとつぐらい、つまりごくまれに、「旨い！」と叫んだレミさんが、調理場に走り込んで行く。

「ねえ、アタシの料理作った人、だーれ？　あなた？　あなた？　あ〜、あなたなのね!!　美味しい！　おいしい！　ありがとう！」

その調理人の手を握りしめて離さない。

あれから五十有余年、平野レミさんは、今や日本を代表する料理愛好家になっている。

今回文庫化されたこの本が出たのが、２０１7年の秋、6年前のことだった。

たった6年前と思うなかれ、その時僕は73歳、文庫になった今、僕は79歳なのだ。79歳といえば、もういつこの世からオサラバしてもおかしくない。そんな〝オサラバ適齢期〟になって、改めてこの本を読み返してみると、6年前とは随分違う感慨が湧いてくる。失敗の話ばかりでは、読む人は面白くない、しかしそれにしても上手くいった話が多すぎる。

仕事の話で言えば、ほとんどが失敗だった、それが実態だ。失敗してあっと言う間に消えていった番組は数知れず、そのような番組は、当然のことながらタイトルすら記憶になく、ラジオとテレビを合わせれば、TBSに限っても数百、ひょっとして千の大台に届いている可能性がある。この数は大袈裟ではない。ラジオなどは、1回か2回の放送で、「ア、ダメダ」となったものが無数にある。ラジオでもテレビでも、ごくタマにマグレで上手くいった番組だけが、人々や局の記憶や歴史に残るのだ。

つまり、この本にタイトルだけでも触れられている番組は、それだけでも大成功なのだ。

さて、〝オサラバ適齢期〟になって、全てが忘却の彼方へ消え去る寸前で記憶の微かな網に引っかかっている幾つかの番組、さらにしっかり覚えている数少ない番組の中で、79歳になって、初めて分かったことがある。

まあ、基本的に1年以上続いた番組は、かなり記憶がはっきりしている。

そのたくさんの番組の中で……今、オサラバ適齢期になって……やたらこの表現が出てくるのはお許しいただきたい。つまり、この歳にならなければ言えないことも多いのですよ。

え〜と、あの〜、はっきり申し上げて、心から楽しかった番組は、思い切って申し上げると、ラジオの『土曜ワイドラジオＴＯＫＹＯ』と、テレビの『ニュースステーション』だったのです。

いや、誤解のないように申し上げておくと、その他のたくさんの番組も実に楽しかったのです。ただ、『土曜ワイド』と『ニュースステーション』は別物でした。

次のような説明でご理解頂けるでしょうか。

『土曜ワイド』と『ニュースステーション』は、僕にとって、〃部活〃だったのです。

分かります？　〃部活〃です。

周囲の雑音などほとんど気にしない、つまり会社が気にする、採算とか収益とか、人事とか、株主総会とか、そんなものは歯牙にもかけない、〃部活〃です。

『土曜ワイド』はともかく、『ニュースステーション』に至っては、僕は59歳まで続けました。

でも、今思い出しても、あの頃は完全に、気分は学生でした。

この二つの番組以外も、例えば『ぴったしカン・カン』も『ザ・ベストテン』も、『TVスクランブル』も、最後のラジオ番組『ラジオなんですけど』も、実は、基本精神というか、基本的な気分は〝部活〟でした。

実際の学生生活では、部活にあまり熱心ではなかった僕が、社会人になってから部活に熱をあげるとは、実に皮肉な話です。

東京タワーが1958年に完成した直後から、その建設現場のドキュメンタリーは何度も放送されています。

東京タワーは、ほとんどの部分は、溶接ではなく、リベットというボルトのような金属棒で組み立てられています。真っ赤になるまで焼かれたリベットは、空中に投げられて、金属製の筒を持った仲間が受け取ります。空中を飛んでいる間に、焼かれた赤みは失われつつありますが、それは急いで、接合箇所の穴に差し込まれ、リベッターでダンダンダン！

その作業が延々繰り返され、やがて夕暮れになると、危険が迫らないよう早めに切り上げます。

日本中から呼び寄せられた、腕の立つ鳶（とび）たちは、地上の作業小屋へなんとなく集まり、何を話すでもないのですが、何となく、煙草を吸い、酒をちびちびと味わい、時折声を出して笑ったりするのです。

これは、〝部活〟だと僕は思います。なんとも厳しい部活で、鳶がおひとり作業中に高所から転落し亡くなった事も知っています。

評判の高い寿司屋。カウンターの中央には口数の少ない親方。

左右には4人ばかりの職人が黙って寿司を握ります。時折前に座った客と一言二言。奥の調理場でも、何人かの若い衆が、すし飯の炊き具合を見たり、卵焼きを焼いたり、海苔(のり)をあぶる、お燗(かん)の具合も確認する。全員が、常に親方の様子をチェックしている。

これは正にチームです。そして全員が寿司とこの店を愛していたら、これは〝部活〟だと僕は思うのです。

部活のように仕事が出来たら、なんとも幸せなことだろうと思うのです。


「おい、久米は部活、辞めたってよ……」

「そろそろ80だろ、まだ生きていることが迂闊なんだ……」

とびとびの記憶
＊1944年7月14日、埼玉市民病院で生まれたらしい。確たる記憶なし

*3歳か4歳の時、疎開していた農家の裏庭で、トマト、キュウリ、ナスがたわわに実っていた。これが最初の記憶
*5歳、埼玉の田舎から品川に引っ越し、生まれて初めて海を見る
*中学の修学旅行、乗っていた列車に飛び込み事故「窓の外を見るな!」先生が叫んでいた
*高校は都立へ、併設の大学の食堂があり、ホープが40円、制服のない高校で、大学生に混じって食後の一服
*大学は私立、入学式についてきた母が、大隈(おおくま)さんの銅像の前ではしゃぐ
*入社後1年ほどで、レントゲン写真を見ながら医師が「肺結核ですね」
*新婚旅行最後は、親戚の岡山の一軒家、二人分の下着を盛大に洗濯して庭に干す、そのままだった事を帰りの新幹線の中で思い出す
*「とにかく、好青年でいて下さい」永六輔さんの言葉
*「く、く、久米さん、あたし、フ、フ、フ、フランスが四分の一、クウォーターよ」レミさん
*若い女性の全裸をラジオで精密中継お尻のアセモ、まだ覚えている
*「久米チャンはいつも元気でやって、それでいいのよ」咥(くわ)え煙草の萩本欽一さん
*「とにかく辞めるのね」じっとこちらを見つめる黒柳徹子さん

＊シンガポールのお寿司屋さんで、いきなり隣に座った後藤田正晴さん
＊「ふーん、キミがクメヒロシか……」咥え煙草の橋本龍太郎氏
＊「ほ〜、あなたがクメヒロシさんですか……」じっとこちらを見る河野洋平氏
＊「久米さん、日本のサッカーがここまでになるとはね〜」川淵三郎さん

生まれてからから79年が経っています。実にコマゴマと、さまざまな記憶がしっかり残っています。

あっと言う間の79歳というより、ようやく79歳になりました。

ビッグバンから138億年と言われていますが、ひとりの人間としては、79年という時間は138億年に匹敵するものです。

2023年　暑かった夏の終わりに

久米宏

年	久米宏略歴	国内外の動き
1944年	7月14日 埼玉県浦和市生まれ 東京で育つ	
1945年		広島・長崎に原爆投下、ポツダム宣言受諾
1951年		サンフランシスコ講和条約 日米安全保障条約調印
1963年	早稲田大学第一政治経済学部入学	ケネディ暗殺
1964年		東京オリンピック
1967年	早稲田大学卒業 TBS入社	
1969年	結婚	東大安田講堂占拠事件 アポロ月面着陸
1970年	『パックインミュージック』5週で降板 『永六輔の土曜ワイドラジオTOKYO』にリポーターとして出演	大阪万博 よど号ハイジャック事件
1971年		ニクソンショック
1972年		あさま山荘事件 沖縄返還
1975年	10月4日『料理天国』10月7日『ぴったしカン・カン』開始	
1976年		ロッキード事件
1978年	1月『ザ・ベストテン』開始 4月『久米宏の土曜ワイドラジオTOKYO』開始	
1979年	6月TBSを退社、7月1日フリーになる	
1980年	1月『おしゃれ』(日本テレビ)開始	

1981年	8月16日『ぴったしカン・カン』『ザ・ベストテン』『おしゃれ』休養 9月16日復帰	
1982年	10月『久米宏のTVスクランブル』(日本テレビ) 開始	
1983年	『久米宏のがん戦争』シリーズ (テレビ朝日) 開始	
1984年	6月『ぴったしカン・カン』降板	グリコ・森永事件　ロス疑惑
1985年	3月『久米宏の土曜ワイドラジオTOKYO』降板 『久米宏のTVスクランブル』最終回 4月『ザ・ベストテン』降板 10月7日『ニュースステーション』(テレビ朝日) 開始	プラザ合意　日航機墜落事故
1986年		チャレンジャー号爆発事故 フィリピン2月革命 チェルノブイリ事故
1987年	4月『おしゃれ』降板	ブラックマンデー
1988年		リクルート事件
1989年	10月巨人優勝で丸刈りに	昭和天皇崩御　東京・埼玉連続幼女誘拐事件 天安門事件　ベルリンの壁崩壊
1991年		湾岸戦争
1993年		EU発足　椿事件 Jリーグ開幕　非自民連立政権発足
1994年	9月『久米宏の道徳の時間』(日本テレビ)	
1995年		阪神・淡路大震災　地下鉄サリン事件

1997年
北海道拓殖銀行、山一証券破綻

1999年　10月6日『ニュースステーション』降板宣言
ダイオキシン問題

2000年　1月4日『ニュースステーション』復帰

2001年
9・11アメリカ同時多発テロ

2003年
イラク戦争

2004年　3月26日『ニュースステーション』最終回

2005年『A』（日本テレビ）開始
『イチロー×久米宏スペシャル対談　MY FIELD』（BSデジタル）
12月『久米宏のCAR TOUCH!!』（GyaO!）開始

2006年　10月7日『久米宏　ラジオなんですけど』（TBSラジオ）開始

2008年　10月『久米宏のテレビってヤツは⁉』（MBS）開始
リーマン・ショック

2009年　4月『クメピポ！絶対あいたい1001人』（MBS）開始
民主党に政権交代

2010年『久米宏のTOKYO空の下』（BS朝日）

2011年
東日本大震災・福島原発事故

2012年
自民党政権が復活

2013年　12月～翌1月『久米宏のニッポン百年物語』
（BS民放5局共同特別番組）

2014年　4月『久米書店』（BS日テレ）開始
12月～翌1月『久米宏・未来への伝言～ニッポン100年物語』
（BS民放5局共同特別番組）

2015年　8月15日『戦後70周年 千の証言スペシャル 私の街も戦場だったⅡ　今伝えたい家族の物語』（TBS）
集団的自衛権行使容認を含む安保法案可決

主な参考文献

久米麗子、久米宏著『ミステリアスな結婚』（世界文化社）
久米宏著『知的センス　おしゃれ会話入門』（青春出版社）
久米宏著『もう一度読む　おしゃれ会話入門』（青春出版社）
久米宏著『久米宏対話集　最後の晩餐』（集英社）
TBSラジオ編『久米宏の新・素朴な疑問』（KKベストセラーズ）
たあぶる館出版編『久米宏のテレビスクランブル』（オフィス・トゥー・ワン）
オフィス・トゥー・ワン編『久米宏のTVスクランブル２』（オフィス・トゥー・ワン）
桝井論平著『上を向いて話そう』（ほんの木）
柳澤健著『１９７４年のサマークリスマス』（集英社）
山田修爾著『ザ・ベストテン』（新潮文庫）
三原康博著『ザ・ベストテンの作り方』（双葉社）
木村政雄著『やすし・きよしと過ごした日々』（文藝春秋）
嶌信彦著『ニュースキャスターたちの24時間』（講談社）
川内一誠著『ニュースステーションの24時』（ポプラ社）
小中陽太郎著『TVニュース戦争』（東京新聞出版局）
三反園訓著『ニュースステーション政治記者奮闘記』（ダイヤモンド社）
大下英治著『報道戦争』（講談社）
筑紫哲也著『ニュースキャスター』（集英社）
田中周紀著『TVニュースのタブー』（光文社）
田原茂行著『テレビの内側で』（草思社）
逢坂巌著『日本政治とメディア』（中央公論新社）
東京放送編『TBS50年史』（東京放送）
テレビ朝日社史編纂委員会編『テレビ朝日開局50年史　チャレンジの軌跡』（テレビ朝日）

編集協力：片岡義博
１９６２年生まれ。ライター、編集者。
共同通信社文化部記者を経て２００７年フリーに。
久米麗子
西原博史

カバー写真：篠山紀信
『ニュースステーション』開始一カ月前の打ち合わせ風景

写真提供：著者
※P１６７およびP２３５の上を除く

写真協力：TBS
TBSラジオ
テレビ朝日
日本テレビ

本文の名称、肩書などは当時のものです。

久米宏です。 朝日文庫
ニュースステーションはザ・ベストテンだった

2023年10月30日　第1刷発行

著　者　久米　宏（くめ ひろし）

発 行 者　宇都宮健太朗
発 行 所　朝日新聞出版
〒104-8011　東京都中央区築地5-3-2
電話　03-5541-8832（編集）
03-5540-7793（販売）

印刷製本　大日本印刷株式会社

Published in Japan by Asahi Shimbun Publications Inc.
定価はカバーに表示してあります

ISBN978-4-02-262084-2